Stefan Rümer

Oxidative NO-Bildung in Pflanzen und NO-Detektion mit DAF-Farbstoffen

Stefan Rümer

Oxidative NO-Bildung in Pflanzen und NO-Detektion mit DAF-Farbstoffen

Südwestdeutscher Verlag für Hochschulschriften

Impressum / Imprint
Bibliografische Information der Deutschen Nationalbibliothek: Die Deutsche Nationalbibliothek verzeichnet diese Publikation in der Deutschen Nationalbibliografie; detaillierte bibliografische Daten sind im Internet über http://dnb.d-nb.de abrufbar.
Alle in diesem Buch genannten Marken und Produktnamen unterliegen warenzeichen-, marken- oder patentrechtlichem Schutz bzw. sind Warenzeichen oder eingetragene Warenzeichen der jeweiligen Inhaber. Die Wiedergabe von Marken, Produktnamen, Gebrauchsnamen, Handelsnamen, Warenbezeichnungen u.s.w. in diesem Werk berechtigt auch ohne besondere Kennzeichnung nicht zu der Annahme, dass solche Namen im Sinne der Warenzeichen- und Markenschutzgesetzgebung als frei zu betrachten wären und daher von jedermann benutzt werden dürften.

Bibliographic information published by the Deutsche Nationalbibliothek: The Deutsche Nationalbibliothek lists this publication in the Deutsche Nationalbibliografie; detailed bibliographic data are available in the Internet at http://dnb.d-nb.de.
Any brand names and product names mentioned in this book are subject to trademark, brand or patent protection and are trademarks or registered trademarks of their respective holders. The use of brand names, product names, common names, trade names, product descriptions etc. even without a particular marking in this works is in no way to be construed to mean that such names may be regarded as unrestricted in respect of trademark and brand protection legislation and could thus be used by anyone.

Coverbild / Cover image: www.ingimage.com

Verlag / Publisher:
Südwestdeutscher Verlag für Hochschulschriften
ist ein Imprint der / is a trademark of
OmniScriptum GmbH & Co. KG
Heinrich-Böcking-Str. 6-8, 66121 Saarbrücken, Deutschland / Germany
Email: info@svh-verlag.de

Herstellung: siehe letzte Seite /
Printed at: see last page
ISBN: 978-3-8381-3763-6

Zugl. / Approved by: Würzburg, Uni, Diss., 2013

Copyright © 2014 OmniScriptum GmbH & Co. KG
Alle Rechte vorbehalten. / All rights reserved. Saarbrücken 2014

INHALTSVERZEICHNIS

Summary	1
Zusammenfassung	3
A Einleitung	5
1. Die Chemie des Stickstoffmonoxids	5
1.1 Chemische Eigenschaften von NO	5
1.2 Charakteristische Reaktionen von NO	6
1.3 NO als Teil des globalen Stickstoffkreislaufs	7
1.4 NO in biologischer Umgebung	9
2. Biologische Bedeutung von Stickstoffmonoxid	10
2.1 Bekannte Funktionen von NO im tierischen Organismus	10
2.2 Wirkungen von NO in Pflanzen	11
2.3 Biochemische Reaktionen von NO im Organismus	12
3. Synthese von Stickstoffmonoxid *in vivo*	14
3.1 Synthesewege bei Tieren: Oxidative NO-Produktion	14
3.2 Synthesewege in Pflanzen: Oxidative oder reduktive NO-Bildung?	16
3.2.1 *Das Mysterium „pflanzliche NOS"*	16
3.2.2 *Reduktive NO-Produktion in Pflanzen: Nitratreduktase*	17
3.2.3 *Weitere enzymatische und nicht-enzymatische Quellen für eine reduktive NO-Bildung in Pflanzen*	18
4. Interaktionen zwischen Pflanzen und Pathogenen	21
4.1 Reaktionen von Pflanzen auf Elicitoren	21
4.2 Bildung von Reaktiven Sauerstoffspezies (ROS)	22
5. Nachweismethoden für Stickstoffmonoxid	25
5.1 Chemiluminezenz	25

5.2 Fluoreszenzfarbstoffe 25

5.3 Spurenanalyse von NO, Nitrit und Nitrat: Reduktive Chemilumineszenz 28

5.4 Kolorimetrischer Nachweis 28

5.5 Weitere Meßmethoden für NO 29

6. Zielsetzungen dieser Arbeit 31

B Ergebnisse 32

1. Existiert eine oxidative NO-Bildung aus Hydroxylamin? 32

1.1 Tabaksuspensionszellen erzeugen sauerstoffabhängig NO aus Hydroxylamin und verwandten Substanzen 32

1.2 Ist die NO-Produktion abhängig von der Bildung von ROS? 34

1.3 *In-vitro*-Versuche zur Oxidation von Hydroxylaminen zu Stickstoffmonoxid 35

1.4 Messung der HA-Oxidation mittels DAF-Fluoreszenz 37

2. Untersuchungen zur DAF-Fluoreszenz nach Elicitierung von Tabaksuspensionszellen 39

2.1 Charakterisierung von DAF-reaktiven Substanzen im Filtrat von elicitierten Zellen 39

2.2 Hemmung der DAF-Fluoreszenz in Anwesenheit von Suspensionszellen 43

2.3 Spektrometrische und chromatographische Charakterisierung der DAF-Reaktionsprodukte 45

2.4 Vergleich der Reaktionen verschiedener NO-Fluoreszenzindikatoren 47

2.5 Einfluss von Peroxidase auf die NO-abhängige DAF-Fluoreszenz 49

2.6 Einfluss des NO-scavengers cPTIO 51

2.7 Fluoreszenzentwicklung im Inneren von Suspensionszellen nach Aufladen mit DAF-2 DA 52

2.8 Auftrennung und Charakterisierung der fluoreszierenden Produkte aus Zellen .. 56

2.8.1 *Auftrennung der Produkte nach Aufladen mit DAF-2 DA* 56

2.8.2 *Auftrennung der Produkte nach Aufladen mit DAF-FM DA* 58

2.9 Eine besondere Situation im Filtrat von aufgeladenen Suspensionszellen 59

2.10 Weitere Versuche zur Bildung fluoreszierender Produkte in einem *In-vitro*-System 60

2.11 Erste Hinweise, dass bei der Reaktion von Peroxidase, H_2O_2 und DAF-2 eine DAF-Dimerisierung stattfindet 60

C Diskussion 64

1. Die oxidative NO-Synthese aus Hydroxylamin in Pflanzen 64

1.1 Hydroxylamin und verwandte Substanzen als NO-Quellen 64

1.2 Die Rolle der SOD bei der Bildung von DAF-reaktiven Substanzen aus NO 67

1.3 Zusammenfassende Schlussfolgerungen zur Hydroxylamin-Oxidation 67

2. DAF-Fluoreszenz ohne Beteiligung von NO 68

2.1 Freisetzung von DAF-reaktiven Substanzen durch Tabaksuspensionszellen 68

2.2 Verifizierung der NO-unabhängigen DAF-Fluoreszenz *in vitro* 69

2.3 Einfluss von cPTIO auf die NO-unabhängige DAF-Fluoreszenz 71

2.4 DAF-2 DA-Fluoreszenz im Extrakt von Suspensionszellen 71

2.5 Zusammenfassende Schlussfolgerungen zur DAF-Fluoreszenz 72

D Material und Methoden 75

1. Tabaksuspensionszellen 75

1.1 Anzucht der Suspensionszellen 75

1.2 Vorbereitung des Zellenmaterials 77

1.3 Aufladen der Zellen mit membrangängigen Fluoreszenzfarbstoffen 78

1.4 Freisetzung von NO durch Donorsubstanzen 79

1.5 Der NO-Fänger cPTIO 80

2. Nachweismessmethoden für Stickstoffmonoxid 81

2.1 Chemilumineszenzmessungen	81
2.2 Fluorimetrische Messungen	82
2.3 Fluoreszenzmikroskopie	83
2.4 Indirekter kolorimetrischer Nachweis von NO	84
3. Charakterisierung der Substanzen im Filtrat	85
3.1 Größenausschlussfiltrationen	85
3.2 Peroxidase-Aktivitätsmessung	85
3.3 Quantifizierung von H_2O_2	86
4. Analytische Methoden zur Charakterisierung der DAF-Reaktionsprodukte	87
4.1 Hochdruckflüssigkeitschromatographie (HPLC)	87
4.2 Massenspektrometrie (LC-MS)	87
5. Statistische Auswertungen und Erstellung von Graphen	89
6. Chemikalien/Enzyme	90
E Literaturverzeichnis	92
F Anhang	**107**
1. **Abkürzungen**	107
2. **Liste der Abbildungen**	109
3. **Liste der Tabellen**	113
Danksagung	114
Publikationen	115

SUMMARY

Nitric oxide is a diatomic, gaseous, relatively stable radical that is mainly synthesized via a reduction of nitrate/nitrite or via an oxidation of amino groups. The latter pathway has been attributed a major role in NO production from the amino acid L-arginine catalysed by three different isoforms of NO-synthases (NOS). In animals, NO fulfils a variety of well-known functions e. g. as neurotransmitter, blood-flow and -pressure regulating agent. In the plant kingdom, it plays a role in the regulation of stomatal movement, in the defense against pathogens and in xylogenesis.

Major aims of this work were:
- to search for alternative oxidative pathways for nitric oxide from reduced nitrogen compounds and
- to unravel previous inconsistencies described in our group on NO production in plants as detected by gas phase chemiluminescence or by fluorescing NO specific dyes.

a) NO production by oxidation of hydroxylamine (HA)

Hydroxylamine was discussed as an intermediate in nitrate reduction in plants and appears conjugated to carbonyl compounds as oximes. Here it is shown that tobacco suspension cells are able to oxidize exogenous hydroxylamine to nitric oxide when applied in concentrations as low as 4 µM. This was also observed after addition of another hydroxylamine, salicylhydroxamic acid (SHAM), which is a frequently applied inhibitor of mitochondrial Alternative Oxidase (AOX). Preliminary observations suggest that reactive oxygen species (ROS) play a role as oxidants. Addition of superoxide dismutase (SOD), an enzyme degrading ROS, led to an even higher output of NO from hydroxylamine, which may indicate an involvement of H_2O_2.

b) DAF-fluorescence without NO

Fluorescent dyes (DAF-2, DAF-FM, DAR-4M) have been used widely to visualize NO production in tissues and single cells, mostly in connection with the LSM technique. By reaction with NO, these dyes form stable and highly fluorescing triazol-derivatives (e. g. DAF-2T). Much of the present knowledge on NO in plants is based on the use of these dyes. One important example out of many is the induction of NO production by treating plants with compounds (elicitors) provoking a hypersensitive response in specific target plants. Here, the system tobacco and the elicitor cryptogein, a peptide secreted from the oomycete *Phytophthora cryptogea* was used. This elicitor is specific for tobacco, and induces programmed cell death in tobacco suspension cells.

When DAF-2 was added to a filtrate of cells preincubated with cryptogein, a strong fluorescence increase was observed. Addition of potassium cyanide (KCN) or catalase lowered this increase. Simultaneous treatment of cells with cryptogein and DPI, an NADPH-oxidase inhibitor, abolished fluorescence almost completely. Assays using the H_2O_2-sensitive dye amplex red indicated an accumulation of H_2O_2 in the filtrate of elicited cells.

Besides ROS, plants secrete peroxidase enzymes into the apoplast which catalyze the crosslinking of cell wall polymers using H_2O_2. Peroxidase activity was observed both in the filtrate of control cells and cryptogein-treated cells. Addition of H_2O_2 and DAF-2 to the filtrate of untreated cells gave a fluorescence increase similar to that observed after addition of DAF-2 to the filtrate of cryptogein-elicited cells, which was a first hint that fluorescence could be induced without NO.

An *in-vitro*-system consisting of horseradish-peroxidase (MR-PO), H_2O_2 and DAF-2 resulted in strong fluorescence increase, confirming that fluorescence took place even in the complete absence of NO. To further characterize suspected novel DAF-derivatives not related to NO, they were analysed by reverse-phase high-pressure liquid chromatography with fluorescence detection (RP-HPLC-FL) and mass spectrometry (UPLC-MS). Indeed, two new DAF-reaction products were discovered which could be clearly separated from DAF-2T. The reaction product of DAF-2 and NO was detected only when the NO-donor DEA-NO was added to the reaction mixture of the *in-vitro*-system (HR-PO + H_2O_2 + DAF-2), revealing three peaks, the two novel DAF-derivatives and DAF-2T.

In order to elucidate intracellular reaction products formed inside DAF-2 DA preloaded cells during elicitation, extracts of suspension cells were also submitted to RP-HPLC-FL. In this case, a larger number of DAF-derivatives were found. Even in non-incubated cells, bulk fluorescence originated from a group of early eluting novel compounds. However, none of them could be matched with the two derivatives found in the cell filtrate or *in vitro*. Preliminary mass spectrometrical analyses suggest the two novel, highly fluorescing compounds formed in the absence of NO *in vitro* or the filtrate of elicited cells to represent isomeric dimers of DAF-2 which are linked via the amino-groups after reduction.

ZUSAMMENFASSUNG

Stickstoffmonoxid (NO) ist ein gasförmiges, relativ stabiles Radikal, das in Pflanzen u. a. durch Reduktion aus Nitrit unter Katalyse des Enzyms Nitratreduktase gebildet wird. In tierischen Organismen wird NO dagegen über einen oxidativen Syntheseweg aus der Aminosäure L-Arginin katalysiert durch verschiedene Isoformen der NO-Synthasen (NOS) hergestellt. Es besitzt im tierischen System vielfältige Funktionen u. a. als Neurotransmitter sowie Blutfluss und -druck regulierendes Agens. Im Pflanzenreich werden NO u. a. Aufgaben bei der Regulierung von Spaltöffnungen, der Abwehr von Pathogenen sowie der Differenzierung der Xylemelemente zugeschrieben.

Die vorliegende Arbeit verfolgte zwei Ziele:
- Erforschung alternativer oxidativer Synthesewege von NO in Pflanzen und
- Untersuchung der NO-Spezifität der DAF-Fluoreszenzfarbstoffe ausgehend Diskrepanzen zwischen Daten aus Floureszenzanalysen und der Gasphasen-Chemilumineszenz in früheren Arbeiten unserer Arbeitsgruppe und zahlreichen weiteren Publikationen.

a) NO-Produktion aus Hydroxylaminen

Hydroxylamin ist ein Zwischenprodukt bei der bakteriellen Denitrifizierung und wurde auch als Intermediat bei der Nitratreduktion in Pflanzen diskutiert. Hier wird gezeigt, dass Tabaksuspensionzellen in der Lage waren, exogenes Hydroxylamin schon in sehr niedrigen Konzentrationen (4 µM) zu NO zu oxidieren. Auch ein anderes HA-Derivat, nämlich der Hemmstoff der Alternativen Oxidase (AOX) in Mitochondrien, Salicylhydroxamsäure (SHAM), wurde zu NO oxidiert. Die Vermutung, reaktive Sauerstoffspezies (ROS) könnten bei diesem Oxidationsprozess eine Rolle spielen, wurde überprüft: Nach Einwirkung des ROS-abbauenden Enzyms Superoxid-Dismutase (SOD) konnte aber überraschenderweise keine Verminderung, sondern eher eine Steigerung der NO-Emission beobachtet werden. Die Rolle der SOD in diesem Reaktionsprozess ist daher noch nicht verstanden.

b) NO-Detektion mittels Fluoreszenzindikatoren

Zur Visualisierung und Lokalisierung von NO in tierischen und pflanzlichen Zellen und Geweben (*in situ*) mittels mikroskopischer (LSM) oder fluorimetrischer Methoden werden Fluoreszenzfarbstoffe, z. B. DAF-2 oder DAF-FM verwendet. Diese Farbstoffe reagieren mit NO zu stark fluoreszierenden Triazol-Derivaten.

Zusammenfassung

Eine Situation, in der Pflanzen u. a. mit NO-Freisetzung reagieren, ist der Pathogenbefall. Wir untersuchten die Reaktion von Tabaksuspensionszellen auf den pilzlichen Elicitor Cryptogein, ein Protein des Oomyceten *Phytophthora cryptogea*.

Im Filtrat der Zellen, die mit Cryptogein behandelt wurden, zeigte sich nach Zugabe von DAF-Farbstoffen ein starker Fluoreszenzanstieg. Um die fluoreszenzerhöhenden Stoffe zu charakterisieren, wurde das Filtrat vor der DAF-Zugabe verschiedentlich behandelt. Bei Zugabe von KCN bzw. Katalase zum Überstand, verringerte sich der Fluoreszenzanstieg. Gleichzeitige Behandlung der Zellen mit Cryptogein sowie dem NADPH-Oxidase-Inhibitor DPI unterband den Fluoreszenzanstieg im Überstand nahezu komplett. Enzym-Assays mit Amplex Rot zeigten die Anhäufung von H_2O_2 im Filtrat der elicitierten Zellen.

Neben ROS werden von Pflanzenzellen auch Peroxidasen in den Apoplasten sekretiert, die mit Hilfe von H_2O_2 für eine verstärkte Quervernetzung der Zellwand sorgen. Sowohl in unbehandelten Kontrollzellen als auch in elicitierten Zellen wurde Peroxidase-Aktivität nachgewiesen. Nach Zugabe von H_2O_2 und DAF-2 zum Filtrat von Kontrollzellen ergab sich ein Fluoreszenzanstieg ähnlich dem im Filtrat von behandelten Zellen.

Mit Hilfe eines einfachen *In-vitro*-Systems aus Meerettich-Peroxidase (MR-PO), Wasserstoffperoxid (H_2O_2) und DAF-2 konnten noch höhere Fluoreszenzwerte erzielt werden, was die Vermutung der Fluoreszenzerhöhung ohne Anwesenheit von NO erhärtete.

Um diese nicht aus einer Reaktion mit NO resultierenden DAF-Produkte näher zu charakterisieren, wurden Trennungen mittels Umkehrphasen-Hochdruck-Flüssigkeitschro-matographie mit Fluoreszenzdetektion (RP-HPLC-FL) und Massenspektrometrie (UPLC-MS) durchgeführt. Dabei wurden tatsächlich zwei neue Reaktionsprodukte festgestellt, die sich eindeutig von DAF-2T unterschieden. Letzteres konnte nur bei Hinzufügen des NO-Donors DEA-NO detektiert werden.

Zur Erfassung von intrazellulären Reaktionsprodukten von DAF wurden die chromatographischen Trennmethoden auch auf Extrakte von mit DAF-2 DA aufgeladenen und danach elicitierten Zellen angewandt. Bei dieser Auftrennung tauchten noch mehr DAF-Reaktionsprodukte auf. Die Hauptfluoreszenz, die auch bei nicht inkubierten Zellen auftrat, konnte auf eine Reihe sehr früh eluierender Substanzen zurückgeführt werden. Die zwei DAF-Derivate aus dem Überstand inkubierter Zellen bzw. der *In-vitro*-Reaktion (MR-PO+H_2O_2+DAF-2) tauchten jedoch überhaupt nicht auf.

Vorläufige massenspektrometrische Analysen legen nahe, dass es sich bei den in Abwesenheit von NO gebildeten zwei Verbindungen um isomere Dimere von DAF-2 handelt.

A EINLEITUNG

1. Die Chemie des Stickstoffmonoxid

1.1 Chemische Eigenschaften von NO

Stickstoffmonoxid (NO, Stickoxid) ist die einfachste Verbindung von Stickstoff und Sauerstoff. Bei Raumtemperatur stellt es ein farb- und geruchloses Gas dar. Weitere physikalische und chemische Eigenschaften sind in Tab. 1 zusammengefasst.

Tab. 1: Physikalische und chemische Daten von Stickstoffmonoxid (nach Haynes, 2011, Malinski et al., 1993, Wink et al., 1993 sowie Ignarro, 1990).

Siedetemperatur	-151,77 °C
Erstarrungstemperatur	-163,65 °C
Löslichkeit in Wasser (Henry-Koeffizient)	1,9 mM (bei 25 °C)
Diffusionskoeffizient	$3,3 \cdot 10^{-5}$ µm^2·s^{-1}
Dichte	1,3402 g·cm^{-3}
Halbwertszeit in wässriger Lösung	> 500 s
Halbwertszeit in biologischer Umgebung	< 5 s

Die hier angegebenen Halbwertszeiten sind stark von der Konzentration in Wasser abhängig und gelten daher nur für eng eingegrenzte Konzentrationsbereiche.

Basierend auf dem MO-Diagramm (Abb. 1) besitzt NO ein einzelnes, ungepaartes Elektron in einem antibindenden Molekülorbital π* und wird daher als Radikal charakterisiert.

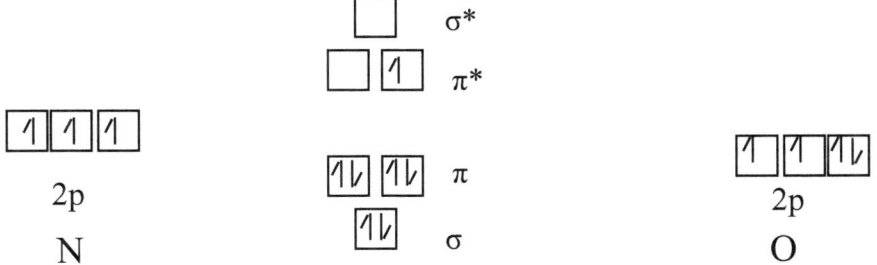

Abb. 1: MO-Diagramm von Stickstoffmonoxid.

Die Bindungsordnung im Molekül NO beträgt nach der Elektronenbesetzung 2,5. Dieser Wert hat eine mesomere Grenzstruktur zur Folge, bei der sich ein einzelnes und zwei Bindungselektronenpaare zwischen den beiden Atomen befinden.

Auf der „diffusen" Verteilung des einzelnen ungepaarten Elektrons beruht letztendlich die relative Stabilität des Gases im Vergleich zu anderen Radikalen (siehe Tab.1).

$$[\ddot{N}=\ddot{O} \longleftrightarrow \ddot{N}=\ddot{O}\ ]$$

1.2 Charakteristische Reaktionen von NO

Durch Abgabe des einzelnen Elektrons (Gleichung 1) im π^*-Orbital entsteht das zu Kohlenmonoxid isoelektronische Nitrosoniumkation (NO^+) mit der Bindungsordnung 2. Dabei wird die ungünstige Besetzung mit einem einzelnen Elektron beseitigt.

(1) $NO \rightarrow NO^+ + e^-$

Durch Aufnahme eines Elektrons (Gleichung 2) entsteht dagegen ein vollständig gefülltes antibindendes Molekülorbital; dabei bildet sich das zu Sauerstoff isoelektronische Nitroxyl-Anion (NO^-) mit der Bindungsordnung 3.

(2) $NO + e^- \rightarrow NO^-$

Beide Ionen spielen auch bei Reaktionen von NO in biologischer Umgebung von Zellen eine nicht unwichtige Rolle (Stamler et al., 1992).

Durch den Radikalcharakter neigt Stickstoffmonoxid stark dazu, sich in Reaktionen mit Sauerstoff in die nächsthöheren N-Oxide, z. B. NO_2 (Gleichung 3) umzuwandeln.

(3) $2\ NO + O_2 \rightarrow 2\ NO_2$

Weitere weitgehend stabile Endoxidationsprodukte sind höhere Stickoxide, z. B. N_2O_4, das gemischte Anhydrid der Salpetersäure und Salpetrigen Säure und deren Anionen Nitrit NO_2^- und Nitrat NO_3^-. In wässriger, sauerstoffhaltiger Umgebung allerdings bleibt die Oxidationsreaktion auf der Stufe von Nitrit stehen (Ignarro et al., 1993).

Über längere Zeit neigt NO auch zu einer sog. Autoxidation, die eigentlich eine Disproportionierung darstellt (Gleichung 4), bei der eine höhere (Stickstoffdioxid) und eine niedrigere Oxidationsstufe (Distickstoffmonoxid, Lachgas) von Stickstoff entstehen.

(4) $3\ NO \rightarrow N_2O + NO_2$

NO reagiert bevorzugt mit anderen Radikalen (auch Sauerstoff ist ein Diradikal) ab. Eine physiologisch sehr wichtige Reaktion aus dieser Klasse ist die sehr schnelle, mit einer Geschwindigkeitskonstante $K = 3,4 \cdot 10^7\ mol \cdot l^{-1} \cdot s^{-1}$ fast diffusionskontrollierte Reaktion mit dem Superoxid-Radikalanion (Squadrito & Pryor, 1995):

(5) $NO + O_2^- \rightarrow ONOO^-$

Dabei bildet sich das Anion der hyposalpetrigen Säuren, das Peroxynitrit, ein äußerst reaktionsfähiges und schädliches Ion für Zellen. Peroxynitrit reagiert in der Zelle mit aromatischen Aminosäuren in einer Nitrierungsreaktion (Vandelle & Delledonne, 2011) und Antioxidantien (Ducrocq et al., 1999). Es kann die DNA durch Nitrierung oder Einzelstrangbrüche schädigen und spielt bei der Entstehung einiger Krankheiten eine wichtige Rolle.

1.3 NO als Teil des globalen Stickstoffkreislaufs

Globale Stoffkreisläufe zeichnen sich dadurch aus, dass ein Element in verschiedenen Oxidationsstufen vorkommt und die entsprechenden Substanzen reduziert bzw. oxidiert werden. Die für Stickstoff wesentlichen Oxidationsstufen und entsprechenden Substanzen sollen hier wiedergegeben werden.

Tab. 2: Das Element Stickstoff in seinen verschiedenen Oxidationsstufen.

Verbindung	NH_3	N_2	H_2NOH	N_2O	NO	NO_2^-	NO_3^-
Name	Ammoniak	Stickstoff	Hydroxylamin	Lachgas	N-monoxid	Nitrit	Nitrat
Oxidationszahl	-III	0	-I	+I	+II	+III	+V

In vereinfachter Form kann die gegenseitige Umwandlung dieser verschiedenen Stickstoffverbindungen auf enzymatischen Wegen folgendermaßen dargestellt werden:

Einleitung

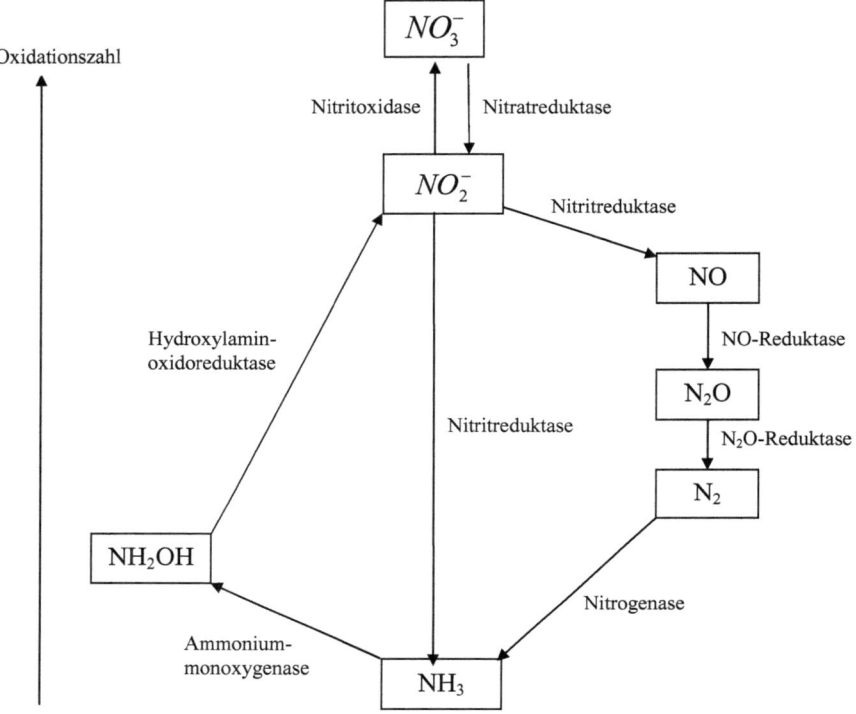

Abb. 2: Der Stickstoffkreislauf mit den beteiligten Enzymen und Verbindungen (verändert nach Rudolf & Kroneck, 2005).

NO tritt dabei im Prozess der Denitrifizierung, der Reduktion von NO_2^- zu elementarem Stickstoff auf. Dieser z. B. in Kläranlagen und Böden sehr wichtige Prozess wird fast ausschließlich von Bakterien bewerkstelligt. NO wird dabei zu N_2O (Lachgas) oxidiert. Letzteres entweicht dann aus den Böden und trägt als sehr potentes Treibhausgas zu den bekannten Folgen der globalen Erwärmung bei. Verstärkte Gabe von Stickstoffdünger (im wesentlichen Nitrat) in der Landwirtschaft führt daher zu verstärkter N_2O-Emission.

Im Bakterium *Nitrosomonas* konnte die direkte Synthese von Stickstoffmonoxid aus Hydroxylamin durch das Enzym Hydroxylamin-Oxidoreduktase (HAO) nachgewiesen werden (Hooper & Terry, 1979)

1.4 NO in biologischer Umgebung

Stickstoffmonoxid ist als kleines ungeladenes Molekül sehr gut membranpermeierend und hält sich auf Grund seiner Lipophilität einige Zeit in biologischen Membranen (Nanodomänen, Liposomen) bzw. in hydrophoben Bereichen der Zelle auf. Dort wird es auch wesentlich schneller in Reaktionen z. B. mit Sauerstoff abgebaut als in anderen Bereichen der Zelle (Liu et al., 1998).

NO kann sich leicht durch Diffusion von seinem Entstehungsort aus zu anderen Zellen verbreiten. Ein Langstreckentransport in Pflanzen ist auf Grund der kurzen Halbwertszeit nicht möglich, hierfür werden Speicherformen benötigt. Die Wirkung von NO beschränkt sich daher meist auf wenige Zellen in der näheren Umgebung des Produktionsortes, wenn man von der Größe von ca. 30 µm für eine typische tierische Zelle ausgeht. Die Diffusionsstrecke des Gases wird mit 50 (Wink et al., 1996) oder auch 100 – 200 µm (Malinski et al., 1993) angegeben.

Seine Halbwertszeit in physiologischer Umgebung ist deutlich niedriger als in wässriger Lösung und wird mit maximal 5 sec angegeben (siehe Tab. 1).

2. Biologische Bedeutung von Stickstoffmonoxid

Stickstoffmonoxid-Emission wurde im Pflanzenreich zuerst bei Sojabohnen nach der Behandlung mit Herbiziden entdeckt (Klepper, 1979).

Die „Hochzeit" der NO-Forschung im tierischen und humanen Bereich begann erst gegen Ende der 1980er Jahre. Dort sind allerdings seine physiologischen Wirkungen und biologische Bedeutung wesentlich besser charakterisiert als bei Pflanzen. Einen guten Überblick über dieses Thema bieten Schmidt und Walter (1994). In letzter Zeit versucht man die etablierten tierischen Signalketten auch in Pflanzen nachzuweisen.

Im Folgenden werden bekannte Funktionen bzw. Reaktionsmechanismen von NO in Tieren und Pflanzen kurz zusammengefasst.

2.1 Bekannte Funktionen von NO im tierischen Organismus

Die Endothelzellen der Blutgefäße sondern unter Einfluss von Acetylcholin einen Stoff ab, der für eine Entspannung der glatten Muskulatur in den Gefäßwänden sorgt und damit einen vasodilatierenden (blutdrucksenkenden) Effekt zeigt (Furchgott & Zawadzki, 1980). Die zunächst als Endothelium-derived-relaxing-factor (EDRF) bezeichnete unbekannte Substanz wurde später eindeutig als NO identifiziert (Ignarro et al., 1987). Auf die Verklumpung der Thromobozyten (Blutplättchen) wirkt NO hemmend, so dass die Bildung von Blutgerinnseln verhindert wird (Golino et al., 1992).

In der Medizin finden NO-generierende Substanzen schon seit mehr als hundert Jahren Anwendung, ohne dass man sich der genauen Wirkung bewusst war. So wird bei akuten Fällen von Angina pectoris Glycerintrinitrat, auch bekannt als Nitroglycerin, verabreicht.

Durch die reversible Hemmung der Cytochromoxidase, dem Komplex IV der mitochondrialen Atmungskette auf Grund der Bildung von Nitrosylkomplexen mit dem Zentralmetall Eisen, sorgt NO für eine erhöhte Bildung von Superoxid-Radikalen (Kröncke et al., 1997). Dieses wiederum verbindet sich mit NO zum stark cytotoxischen Peroxynitrit.

Im Gehirn produzieren viele Neuronen NO, das neben Kohlenmonoxid als gasförmiger Neurotransmitter bzw. Neuromodulator (Mustafa et al., 2009) fungiert. Die genauen Funktionen sind noch nicht bekannt; man schreibt ihm aber eine Rolle bei der sog. Long-Term-Potentiation (LTP) zu, die für die Speicherung von Ereignissen (also dem Gedächtnisaufbau) entscheidend ist (Paul & Ekambaram, 2011).

Bei der Abwehr von Pathogenen werden große Mengen an NO durch Makrophagen über die iNOS als Teil der inflammatorischen Immunantwort erzeugt. NO übt dabei einen zelltoxischen Effekt aus, indem u. a. die Basenpaarung in der Erbsubstanz DNS nach Bildung von Salpetriger Säure durch

Desaminierung von Cytosin zu Uracil, Guanin zu Xanthin und Adenin zu Hypoxanthin verändert wird (Nguyen et al., 1992); dadurch werden letztlich Mutationen erzeugt. Weiterhin sind Einflüsse auf die Aktivität von DNA-Reparaturenzymen beschrieben (Wink & Laval, 1994). Für NO-produzierende Zellen ist es daher wichtig, die Menge des Radikals so auszubalancieren, dass einerseits ihnen selbst kein größerer Schaden entsteht, die notwendigen cytotoxischen Wirkungen von NO auf Pathogene sich aber trotzdem entfalten können.

Einige Bakterien aktivieren beim Infektionsprozess als Reaktion auf das von Abwehrzellen des Wirtes gebildete NO die Transkription und Translation bestimmter Gene (Nunoshiba et al., 1993). Die entsprechenden Enzyme reparieren einerseits die Schäden an der DNA und verhindern andererseits durch den Abbau von Superoxid die Bildung des cytotoxischen Peroxynitrit.

Auf Grund seiner Vielseitigkeit in Medizin und Forschung wurde Stickstoffmonoxid 1992 zum „Molekül des Jahres" erhoben. Die Entdeckungen über die Wirkung von NO in tierischen Organismen führten 1998 zur Verleihung des Nobelpreises für Medizin und Physiologie an Robert F. Furchgott, Louis J. Ignarro und Ferid Murad.

2.2 Wirkungen von NO in Pflanzen

Die genauen Funktionen von NO in Pflanzen und seine Auswirkungen im pflanzlichen Organismus sind noch nicht komplett bekannt. Folgende Prozesse, bei denen NO beteiligt ist, gelten aber nach der Literatur als weitgehend gesichert:

- Entwicklung der Xylemgefäße, insbesondere beim programmierten Zelltod der Tracheenvorläufer (Gabaldón et al., 2005)
- Verminderung der Dormanz bzw. Förderung der Keimung von *Arabidopsis*-Samen (Bethke et al., 2005)
- Entwicklung von Adventivwurzeln bzw. generell Regulierung des Wurzelwachstums sowie der Wurzelarchitektur (Stöhr & Ullrich, 2002)
- Regulierung des Wachstums und der Orientierung von Pollenschläuchen (Prado et al., 2004)
- Akkumulierung von Phytoalexinen nach Pathogenbefall (Modolo et al., 2002, Noritake et al., 1996)
- Verzögerung der pflanzlichen Seneszenz durch Beeinflussung der Aktivität von ROS-produzierenden und –abbauenden Enzymen (Tewari et al., 2009)
- Stomataschluss
  Der von ABA induzierte Schluss von Spaltöffnungen als Reaktion auf Stress wurde u. a. auf Grund fluoreszenzmikroskopischer Untersuchungen mit DAF-Farbstoffen auf NO zurückge-

führt. NO und H_2O_2 spielen dabei als Komponenten für das Schließen bzw. das Öffnen von Kaliumkanälen eine Rolle (Desikan et al., 2004)

Stickstoffmonoxid reguliert die Expression von pflanzlichen Genen, sowohl positiv als auch negativ. Untersuchungen an *Arabidopsis* haben ergeben, dass die Aktivität von ca. 2 % aller Gene durch NO-Applikation beeinflusst wird, darunter Transkriptionsfaktoren und Biosynthesegene von anderen Pflanzenhormonen (Parani et al., 2004).

2.3 Biochemische Reaktionen von NO im Organismus

Für Stickstoffmonoxid gibt es wahrscheinlich auf Grund seiner guten Membrangängigkeit keinen externen membranständigen Rezeptor, sondern NO wirkt häufig direkt an seinen Zielmolekülen (im wesentlichen Proteine) im Inneren der Zelle. Dabei gibt es verschiedene Möglichkeiten: Metalloenzyme können durch Bildung von Komplexen des Metallions mit NO in ihrer Aktivität beeinflusst werden. Das bekannteste Beispiel hierfür ist die lösliche Guanylatcyclase (sGC = soluble guanylat cyclase), die ein Eisen-Ion als katalytisches Zentrum enthält. Dabei ersetzt NO ein an eine freie Valenz des Eisen-Ions gebundenes Histidin, so dass auf Grund der Konformationsänderungen die Aktivität des Enzyms und damit die Bildung von cGMP aus Guanosintriphosphat bis zu 100fach gesteigert wird (Derbyshire & Marletta, 2012).

In der durch NO induzierten intrazellulären Signalkaskade gilt cGMP als ein wichtiger Baustein. In Pflanzen ist die Beteiligung von cGMP noch nicht endgültig bewiesen. Verschiedene Versuchsergebnisse, u. a. erhöhter cGMP-Spiegel nach NO-Applikation und reprimierte NO-induzierte PAL-Expression nach Behandlung mit sGC-Hemmstoffen deuten auf das Vorhandensein dieses Botenstoffes in Pflanzen hin (Durner et al., 1998). Es gibt allerdings auch Hinweise auf eine Beteiligung der sequentiellen Aktivierung von Mitogen-Aktivierten Proteinkinasen (MAP-Kinasen) in Pflanzen als Reaktion auf NO, z. B. bei der Induktion des programmierten Zelltodes (PCD) in Arabidopsis (Clarke et al., 2000).

Das Potenzmittel Viagra® enthält einen Phosphodiesterase-Hemmer (Sildenafilcitrat), wodurch der Abbau von cyclischem GMP verhindert wird. Viagra® kann bei Zugabe zum Wasser von Schnittpflanzen das Verwelken der Blüten verhindern, in dem es die Bildung von Ethylen hemmt (Siegel-Itzkovich, 1999). Dieser Befund könnte ebenfalls auf die Existenz des oben beschriebenen NO➔cGMP-Signalweges in Pflanzen hindeuten.

Weitere sekundäre Botenstoffe, die möglicherweise in der weiter abwärts liegenden Signaltransduktion auf NO-Applikation liegen, sind zyklische ADP-Ribose (cADPR), die vom Enzym ADPR-Cyclase gebildet wird sowie Ca^{2+}-Ionen, die aus internen Speichern freigesetzt werden (Lamotte et al., 2004). Dabei aktiviert NO vermutlich durch direkte Nitrosylierung membranständige Kanäle, u.

a. des RYR-Typs, der in menschlichen Herz- und Muskelzellen vorkommt. Das Vorkommen dieser RYR-Kanäle in Pflanzen ist umstritten; ein durch cyclische Nucleotide aktivierbarer Kanal (ATCNGC2) wurde von Leng et al (1999) beschrieben. In tierischen Zellen ist die Aktivierungskette cGMP ➔ cADPR ➔ Ca^{2+}-Freisetzung möglicherweise auch durch NO aktivierbar (Willmott et al., 1996)

Eine Modifizierung von Enzymen kann auch direkt durch Reaktion von Stickstoffmonoxid mit deren Aminosäuren geschehen. Hier spielt die sog. Nitrosylierung von schwefelhaltigen Aminosäuren, die sich in der Nähe des aktiven Zentrums befinden eine wichtige Rolle. Meist handelt es sich dabei um Cysteinreste. Enzyme, die auf diese Weise reguliert werden, gehören u. a. zur Gruppe der Caspasen, Phosphatasen, verschiedenen Transkriptionsfaktoren und Ionenkanälen (Übersicht bei Hess et al., 2005).

Ein weiterer bekannter Reaktionsweg von NO ist die Nitrierung von aromatischen Aminosäuren. Diese irreversible Modifikation von Proteinen geschieht über das sehr reaktive Intermediat Peroxynitrit (siehe Kap. 1.2). Gleichung 6 zeigt am Beispiel des Tyrosins diese Reaktion:

(6) $\quad \text{−CH}_2\text{−}\langle\text{−}\rangle\text{−OH} \xrightarrow{via\ ONOO^-} \text{−CH}_2\text{−}\langle\text{−}\rangle\text{−OH}$
$\qquad\qquad\qquad\qquad\qquad\qquad\qquad\qquad\qquad\qquad\quad\ NO_2$

Die Modifikation von Proteinen durch Nitrosylierung bzw. Nitrierung wird in ihrer Bedeutung bereits als eine der Phosphorylierung äquivalente biochemische Reaktion angesehen (Mannick & Schonhoff, 2002).

Viele der bisher in Pflanzen lokalisierten NO-Effekte auf molekularer Ebene wurden allerdings unter Bedingungen erzeugt bzw. beobachtet, bei denen die NO-Konzentrationen nicht genau bekannt bzw. nicht kontrollierbar waren und eventuell weit über den physiologischen Konzentrationen lagen. In tierischen Zellen werden NO-Konzentrationen im Bereich von 100 pM bis maximal 5 nM angenommen (Übersicht bei Hall & Garthwaite, 2009).

3. Synthese von Stickstoffmonoxid *in vivo*

Die Synthesewege von Stickstoffmonoxid sind bei Tieren wesentlich besser erforscht, obwohl es in Pflanzen früher entdeckt wurde.

3.1 Synthesewege bei Tieren: Oxidative NO-Produktion

In tierischen Organismen sind seit längerem verschiedene Isoenzyme aus der Gruppe der NO-Synthasen (NOS) bekannt. Einen guten Übersichtsartikel über Struktur und Funktion bieten Alderton et al. (2001).
Diese synthetisieren NO über die sauerstoffabhängige Reduktion der Aminosäure L-Arginin zu L-Citrullin. Dabei wird über das Zwischenprodukt N^G-Hydroxy-L-Arginin (NOHA) mit dem Reduktionsmittel NADPH aus dem Stickstoff der Guanidino-Gruppe NO freigesetzt (Abb. 3).

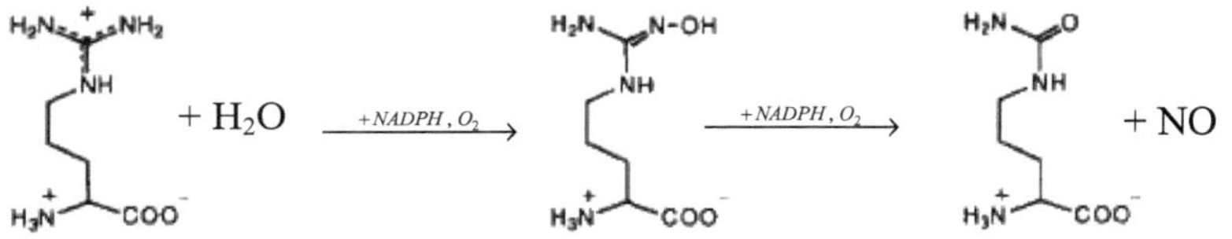

L-Arginin $\xrightarrow{+NADPH,\,O_2}$ **N^G-Hydroxy-L-Arginin** $\xrightarrow{+NADPH,\,O_2}$ **Citrullin** + NO

Abb. 3: Reaktionsfolge der Synthese von NO aus der Aminosäure L-Arginin durch die Enzymfamilie der NO-Synthasen (verändert nach Marletta, 1994).

Man unterscheidet drei verschiedene Isoformen von NOS in tierischen Zellen:
- endotheliale NOS (eNOS, NOS-III), zunächst entdeckt in Endothelzellen
- neuronale NOS (nNOS, NOS-I), zunächst entdeckt in Nervenzellen
- induzierbare NOS (iNOS, NOS-II), zunächst entdeckt in Makrophagen

Basierend auf der ständig erfolgenden Exprimierung der Enzyme fasst man eNOS und nNOS zur Gruppe der konstitutiven NOS-Isoformen (cNOS) zusammen und stellt sie der iNOS gegenüber. Letztere wird nur als Antwort auf die Anwesenheit von Pathogenen in Zellen des Immunsystems (Makrophagen) gebildet und kann dann in kurzer Zeit große Mengen an NO produzieren, während erstere über einen längeren Zeitraum kontinuierlich kleinere Mengen NO produzieren.
Eine weitere Einteilung kann auf Grund der Abhängigkeit von Ca^{2+} als Cofaktor erfolgen. ENOS und nNOS sind Ca^{2+}-abhängig, iNOS dagegen nicht.
Alle NOS-Enzyme kommen in der Zelle als funktionelle Dimere vor. Sie benötigen für die volle Aktivität verschiedene Cofaktoren: Flavinadenindinucleotid (FAD), Flavinmononucleotid (FMN), Tetrahydrobiopterin (BH_4), Protoporphyrin IX als Hämkomponente, Calmodulin (CaM) und je nach NOS-Isoform Calcium-Ionen selbst.

Jedes Einzelenzym wiederum besteht aus einer Reduktase-Domäne und einer Oxygenase-Domäne verbunden durch die Calmodulin-Bindestelle. An ersterer findet die Elektronenabgabe von NADPH und die –weitergabe über FAD, FMN auf die Oxygenase-Domäne mit der Hämkomponente statt. An dieser erfolgt dann wiederum die Reaktion an einem Guanidino-Stickstoff von Arginin, wobei Citrullin und NO entsteht (siehe Abb. 3). Es bestehen noch Zweifel daran, ob wirklich NO das endgültige Produkt der NOS-Reaktion ist, meistens konzentrieren sich die Messungen auf die Oxidationsprodukte Nitrit bzw. Nitrat. NO selbst konnte nämlich nur in Anwesenheit der ROS-abbauenden Superoxid-Dismutase (SOD) nachgewiesen werden (Schmidt et al., 1996).

In verschiedenen Bakterien wurden bakterielle NO-Synthasen (bNOS) entdeckt, die nur aus einer Reduktase-Domäne bestehen. Sie benutzen über in der Zelle verfügbare Reduktasen verschiedene Reduktionsmittel zur NO-Synthese und werden als evolutionäre Ursprünge der eukaryotischen NOS-Enzyme angesehen (Gusarov et al., 2008).

Für die in Wirbeltieren vorkommenden NOS-Isoformen sind einige mehr oder weniger spezifische im Wesentlichen auf der Basis kompetitiver, reversibler Hemmung wirkende Inhibitoren bekannt. Ein häufig verwendeter Hemmstoff ist L-N^G-Nitroarginin-methyl-ester (L-NAME). Im Organismus wird der Ester (Abb. 4) durch zelleigene Esterasen in den eigentlichen Inhibitor L-N^G-Nitroarginin (L-NNA) hydrolytisch gespalten.

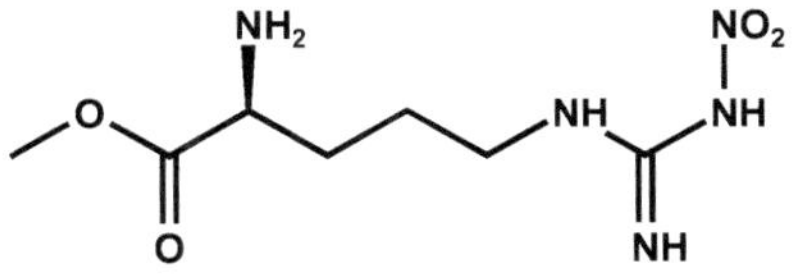

Abb. 4: Halbstrukturformel des NOS-Inhibitors L-NAME.

In tierischen Systemen werden Inhibitoren üblicherweise in Konzentrationen von 3 – 300 µM verwendet (Rees et al., 1989). In pflanzlichen Experimenten allerdings wurden zur Demonstration einer NOS-Aktivität Konzentrationen verwendet, die mehr als tausendfach höher waren (Lum et al., 2002). Zweifel an der Spezifität des Inhibitors und der Gültigkeit der abgeleiteten Aussagen erscheinen somit angebracht. Im Übrigen ist auch davon auszugehen, dass insbesondere bei derart hohen Inhibitor-Konzentrationen auch andere von L-Arginin abhängige Prozesse blockiert werden – ein weiterer Grund dafür, an Aussagen über die Beteiligung einer NOS an den untersuchten Reaktionen in Pflanzen zu zweifeln (siehe A 3.2.1).

3.2 Synthesewege in Pflanzen: Oxidative oder reduktive NO-Bildung?

3.2.1 Das Mysterium „pflanzliche NOS"

In Pflanzen herrscht hinsichtlich der Existenz eines NOS-analogen Syntheseweges erhebliche Unsicherheit. Basierend auf Sequenzvergleichen (Zemojtel et al., 2004) wurde eine relativ hohe Homologie zwischen einem Protein aus *Arabidopsis thaliana* und einem neuartigen, in keine der bisher bekannten NOS-Klassen passenden Enzym aus der Weinbergschnecke *Helix pomatia* festgestellt. Dieser Befund wurde als Entdeckung einer pflanzlichen NOS (AtNOS) gefeiert. Schnell wurde eine entsprechende Mutante mit verminderter Aktivität dieses Enzyms vorgestellt (Guo et al., 2003), die auch eine niedrigere NO-Produktion und vermehrte Anfälligkeit für Pathogene aufwies. Auch der Einsatz von Antikörpern gegen eine tierische NOS deutete auf die Existenz dieses Enzyms in Pflanzen hin; ebenso konnte nach Applikation der oben beschriebenen NOS-Hemmstoffe eine Verminderung der NO-Emission beobachtet werden. Die intrazelluläre Lokalisation des Enzyms wurde mittels GFP-Fusionskonstrukten auf die Mitochondrien festgelegt (Guo & Crawford, 2005); dort soll es eine Rolle bei der Regulation der ROS-Produktion spielen. Weitere Untersuchungen ergaben Probleme bei der Spezifität der verwendeten Antikörper (Butt et al., 2003). Außerdem erschien die Aufreinigung des Enzyms hinsichtlich der verwendeten Kationenaustauschersäulen nicht gelungen zu sein und ließ starke Zweifel an der Natur als NOS aufkommen (Crawford et al., 2006; Zemojtel et al., 2006). Das Enzym bzw. der Genlocus wurde von AtNOS in AtNOA („Nitric oxide associated") umbenannt. Spätere Untersuchungen deuten auf eine Rolle des Enzyms bei der hydrolytischen Spaltung von GTP hin (Moreau et al., 2008).

Eine weitere Publikation beschrieb die Entdeckung einer pflanzlichen iNOS in Tomaten (Chandok et al., 2004). Das Enzym wurde als eine Variante des P-Proteins der Glycindecarboxylase identifiziert (Chandok et al., 2003). Dieser in den Mitochondrien lokalisierte Multienzymkomplex baut während der Photorespiration unter NAD^+-Verbrauch zwei Moleküle Glycin unter Abspaltung von Ammoniak und Kohlendioxid zu einem Molekül Serin um. Allerdings wurden die entsprechenden Veröffentlichungen später auf Grund mangelnder Reproduzierbarkeit zurückgezogen (Travis, 2004).

Eine weitere Calcium-abhängige NOS-Variante wurde unter Verwendung von Antikörpern gegen tierische NOS-Enzyme, NOS-Hemmstoffen sowie Immunogold-Detektion in den Peroxisomen der Erbse bekanntgegeben (Barroso et al., 1999).

In einzelligen Grünalgen, die an der Basis der evolutiven Entwicklung von grünen Pflanzen stehen, wurde durch molekulargenetische Untersuchungen eine NOS-Isoform gefunden, die eine strukturelle Ähnlichkeit mit der nNOS des Menschen aufweist (Foresi et al., 2010). Dies ist somit der erste stabile Hinweis auf die Existenz einer NOS in (niedreren) Pflanzen.

3.2.2 Reduktive NO-Bildung in Pflanzen: Nitratreduktase

Im Gegensatz zu dieser umstrittenen pflanzlichen NO-Synthase gelten einige andere Synthesewege von NO in Pflanzen als gesichert:

Das Enzym Nitratreduktase katalysiert als zentrales Steuerelement des Stickstoffmetabolismus normalerweise die Reduktion von Nitrat zu Nitrit; die Elektronen dafür stammen aus NADPH. In einer „Nebenreaktion" kann anstelle des Edukts Nitrat auch das Produkt Nitrit selbst als Elektronenakzeptor dienen und dabei in einer Ein-Elektronen-Reduktion mit dem Coenzym NAD(P)H zu Stickstoffmonoxid umgesetzt werden.

(7) $NO_2^- + e^- + 2\,H^+ \rightarrow NO + H_2O$

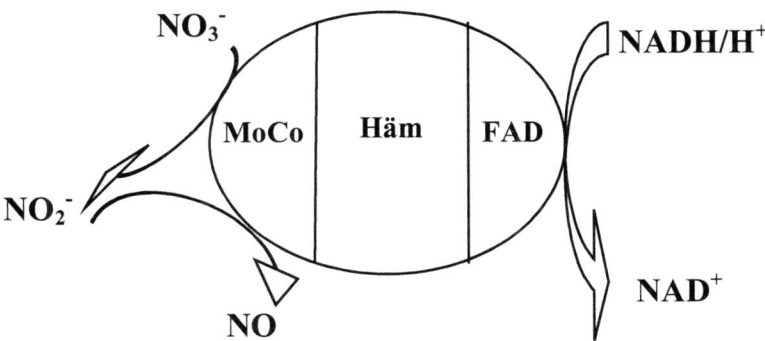

Abb. 5: Schematische Darstellung der NO-Bildung durch das Enzym Nitratreduktase (verändert nach Yamasaki & Sakihama, 2000).

Dabei wird nur ca. 1 % der normalen Aktivität des Enzyms für diese Seitenreaktion von Nitrit zu NO verwendet (Rockel et al., 2002). Diese enzymatische Reaktion kann z. B. in der Chemilumineszenz durch Zugabe von NADH zu einer Lösung aus Nitratreduktase, Nitrit und Nitrat demonstriert werden.

_____Einleitung

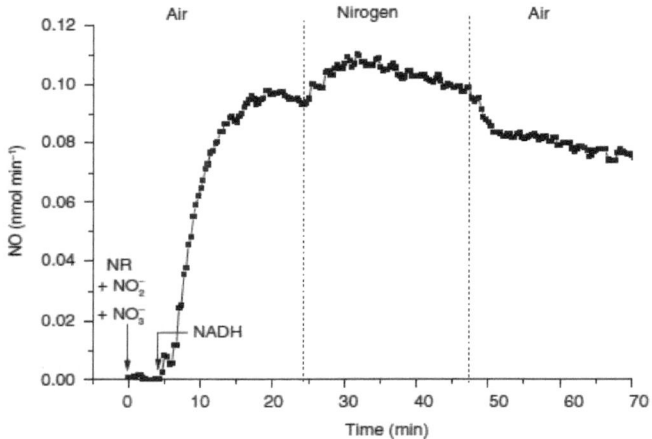

Abb. 6: NO-Emission durch aufgereinigte Nitrat-Reduktase, Nitrit und zugegebenem NADH als Substrate gemessen mittels Chemilumineszenz (entnommen aus Planchet et al., 2005).

Pflanzen scheinen außerdem neben der cytosolischen Nitratreduktase über eine plasmamembrangebundene Nitrit:NO:Oxidoreduktase (NiNOR) zu verfügen, die apoplastisch vorhandenes Nitrit zu NO reduziert. Dieses Enzym kommt nur in der Wurzel vor (Stöhr et al., 2000). Im Gegensatz zur Nitratreduktase dient nicht NADH, sondern reduziertes, ebenfalls membrangebundenes Cytochrom c als Elektronenquelle.

3.2.3 Weitere enzymatische und nicht-enzymatische Quellen für eine reduktive NO-Bildung in Pflanzen

Auch für das Enzym Xanthinoxidase wurde die Produktion von NO aus Nitrit unter hypoxischen bzw. anoxischen Bedingungen nachgewiesen (Li et al., 2003; Millar et al., 1998). Dieses Enzym katalysiert normalerweise die Bildung von Harnsäure aus Xanthin (siehe B 1.3)

Neben diesen enzymatischen Reaktionen gibt es auch eine nicht-enzymatische Quelle für NO, bei der Nitrit in saurer Lösung (pH < 4,5) zunächst zu Salpetriger Säure protoniert wird (Gleichung 8) und dann in einer zweistufigen Disproportionierung (Zerfallsreaktion) über Stickstofftrioxid (Gleichung 9a) zu den beiden Stickoxiden NO und NO_2 (Gleichung 9b) reagiert (nach Yamasaki, 2000):

(8) $NO_2^- + H^+$ ➔ HNO_2

(9a) $2\ HNO_2$ ➔ $N_2O_3 + H_2O$

(9b) N_2O_3 ➔ $NO + NO_2$

Diese Reaktion spielt auf Grund der notwendigen Anwesenheit von Salpetriger Säure nur im sauren Milieu des Apoplasten eine Rolle. Allerdings kann eine ähnliche Reaktion auch bei höheren pH-Werten in Gegenwart von leichten Reduktionsmitteln wie Ascorbat (AsA) stattfinden (Yamasaki, 2000):

(10) $2\ HNO_2 + 2\ AsA \rightarrow 2\ NO + 2\ MDA + 2\ H_2O$

(11) $2\ MDA \rightarrow AsA + DHA$

(10 + 11) $2\ HNO_2 + AsA \rightarrow 2\ NO + DHA + 2\ H_2O$

Als weitere wichtige NO-Quelle gelten Mitochondrien (Gupta et al., 2010). In diesen Organellen können die Elektronen in der Atmungskette statt auf Sauerstoff als finalen Elektronenakzeptor auch auf Nitrit übertragen werden, wobei sich NO bildet. Diese Reaktion wurde in isolierten Mitochondrien aus Wurzeln, aber nicht aus Blättern (Gupta et al., 2005) nach Zugabe von NO_2^- und NADH als Elektronendonator beobachtet (Abb. 7). Insbesondere in Abwesenheit von Sauerstoff ist die NO-Produktion der Mitochondrien sehr hoch, da hier der kompetitive Effekt von Sauerstoff als Elektronenakzeptor nicht auftritt. Die Hemmstoffe der Elektronentransportkette in den Mitochondrien, Myxothiazol am Komplex III bzw. der Cytochromoxidase (Thierbach & Reichenbach, 1981) sowie das HA-Derivat Salicylhydroxamsäure SHAM (siehe Tab. 3) an der AOX (Schonbaum et al., 1971), sorgen unter Sauerstoffausschluss für einen kompletten Abbruch der NO-Produktion.

Tab. 3: Strukturformeln von Hydroxylamin (HA) und Salicylhydroxamsäure (SHAM).

Hydroxylamin	Salicylhydroxamsäure

_____Einleitung

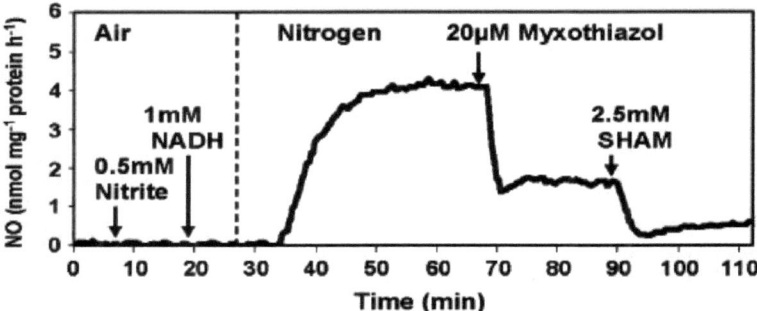

Abb. 7: Emission von Stickstoffmonoxid durch aufgereinigte Wurzelmitochondrien der *Nia30*-Tabak-Mutante nach Zugabe von Nitrit und NADH. Myxothiazol und SHAM wurden zu den jeweiligen Zeitpunkten appliziert. (entnommen aus Gupta et al., 2005).

Polyamine wie Spermin, Spermidin, Putrescin oder Arginin führten bei Arabidopsis zu einer erhöhten NO-Produktion (Tun et al., 2006). Auf welchem Wege diese Stoffe in die NO-Produktion eingreifen oder ob sie selbst zu NO metabolisiert werden (durch Polyaminoxidasen), ist noch ungeklärt (Yamasaki & Cohen, 2006).

Insgesamt überwiegen bisher die Hinweise, dass Pflanzen NO auf verschiedenen reduktiven Wegen bilden können. In dieser Arbeit (siehe B. 1) wird jedoch gezeigt, dass Pflanzen bei Vorhandensein von Substraten mit niedrigerer Oxidationsstufe als NO (aber höherer als NH_3) auf oxidativem Weg NO produzieren können.

_Einleitung

4. Interaktion zwischen Pflanzen und Pathogenen

Pathogene in Form von Pilzen, Bakterien und Viren stellen in der Umwelt die wichtigsten biotischen Einflussfaktoren und Schädigungsmöglichkeiten auf ortsunbewegliche, festsitzende pflanzliche Organismen dar. Aus letzterem Grund haben Pflanzen vielfältige, im Vergleich zu Tieren teilweise einzigartige Abwehrmöglichkeiten entwickelt.

4.1 Reaktionen von Pflanzen auf Elicitoren

In dieser Arbeit werden u. a. Experimente unter Verwendung des pilzlichen Elicitors „Cryptogein" beschrieben. Deshalb erfolgt hier ein kurzer Überblick über Elicitoren und ihre Rolle bei der Pathogenabwehr.

Nach Durchdringung der äußeren „Schutzhüllen" der Pflanze (Cuticula, Stomata) läuft die Erkennung von Pathogenen im ersten Schritt häufig über sog. Pathogen-Associated Molecular Pattern (PAMP). Diese sind bestimmte Oberflächenstrukturen von Bakterien, wie das Flagellin flg22, ein Peptid-Abschnitt der Bakteriengeißel, oder Bruchstücke von pilzlichen Zellwänden z. B. Chitinmonomere. Sie werden von speziellen Rezeptoren an der Oberfläche der Plasmamembran erkannt und leiten weitere Reaktionen im Zellinneren ein. Man bezeichnet solche Stoffe auch als „Elicitoren", die Abwehrreaktionen hervorrufen („elicitieren").

Das 98-Aminosäuren-Protein Cryptogein wird von dem Oomyceten *Phytophthora cryptogea* produziert und induziert an Tabak spezifische Abwehrreaktionen. Es besitzt einen hochaffinen membrangebundenen Rezeptor aus einem Glykoprotein (Bourque et al., 1999) und vermittelt über Signalkaskaden einige typische Reaktionen der Pflanzenzelle:

- Calcium-Einstrom

  Der beobachtete Einstrom von Ca^{2+} aus dem extrazellulären Raum wird als eine sehr frühe Reaktion der Pflanzenzelle auf Pathogene angesehen und könnte den Beginn einer komplexen Enzymkaskade markieren (Tavernier et al., 1995).

- Proteinphosphorylierung

  Die beobachtete Änderung des Phosphorylierungszustandes von Proteinen durch Kinasen und Phosphatasen nach Elicitierung ist ebenfalls ein sehr früher Effekt und dürfte in der Weiterleitung der Signale eine entscheidende Rolle spielen (Felix et al., 1991).

- Produktion von Sauerstoffradikalen (ROS)
  Die Bildung von ROS nach Pathogenbefall geschieht im Wesentlichen durch Aktivierung einer plasmamembranassoziierten NADPH-Oxidase (NOX, Pugin et al., 1997), die durch Ein-Elektronen-Transfer von cytosolischem NADPH auf extrazellulären molekularen Sauerstoff das Superoxid-Radikalanion O_2^- generiert. In weiteren Reaktionsschritten (siehe A 4.2) wird dann letztendlich Wasserstoffperoxid H_2O_2 hergestellt, der in der Verfestigung der Zellwand eine wichtige Rolle spielt.

- Azidifizierung des Cytosols
  Die Ansäuerung des Zellplasmas ist eine direkte Folge durch die Protonenfreisetzung während der Oxidation von NADPH. Korrespondierend findet durch protonenverbrauchende Prozesse bei der ROS-Bildung im Apoplasten eine Alkalisierung statt.

- Erhöhung der Transkription von Abwehrgenen
  Die Behandlung von Tabakblättern mit Cryptogein führt zur Akkumulation von Gentranskripten der Familie der pathogenesis-related (PR)-Proteine (Planchet et al., 2006). Diese spielen eine wichtige Rolle bei der Abwehr von Pathogenen.

Zu den längerfristigen Effekten (2 bis 6 Stunden) bei der Elicitierung gehören die Synthese von Phytoalexinen und Ethylen (Roby et al., 1985).

4.2 Bildung von Reakiven Sauerstoffspezies (ROS)

In Teilen dieser Arbeit wird die Produktion von reaktiven Sauerstoffspezies (Reactive Oxygen Species, ROS) im Zusammenhang mit der NO-Bildung bzw. der Störung der NO-Nachweise mittels Fluoreszenzindikatoren untersucht und diskutiert. Es folgt deshalb eine Übersicht über die Bildung und Reaktionen von ROS.

Sowohl bei tierischen wie pflanzlichen Organismen gehört die Produktion von ROS zu einer der häufigsten Reaktionen auf das Eindringen von Krankheitserregern. ROS spielen bei der Aktivierung von weiteren Kaskaden zur Einleitung von Abwehrmaßnahmen eine wichtige Rolle.
Zu den ROS zählen sowohl Radikale als auch ionische bzw. ungeladene kleine Moleküle (für einen Überblick siehe Lamb & Dickson, 1997):
- Superoxid-Radikalanion O_2^{*-}
- Wasserstoffperoxid H_2O_2 bzw. Peroxid-Anion O_2^{2-}

- Hydroxyl-Radikal •OH
- Singulett-Sauerstoff $^1O_2$

Da diese Stoffe sowohl für die produzierende Zelle als auch für das Pathogen gefährlich sein können, besitzt die Zelle selbst ein System zur Detoxifizierung bzw. zu einer Gleichgewichtseinstellung zwischen ROS-Produktion und ROS-Abbau.

Für die Bildung von Superoxid ist im Wesentlichen die membranständige NADPH-Oxidase (NOX) zuständig, die folgende Umsetzung katalysiert (siehe A 4.1):

(12) $NADPH + O_2 \rightarrow O_2^{\bullet-} + NADP^+$

Zur weiteren Umsetzung von Superoxid stehen eisen-, mangan- oder kupfer/zinkhaltige, in bestimmten Organellen lokalisierte Superoxid-Dismutasen (SOD) zur Verfügung, die das Superoxid-Ion in einer Disproportionierungsreaktion zu H_2O_2 und O_2 umwandeln (McCord & Fridovich, 1969):

(13) $O_2^{\bullet-} + 2 H^+ \xrightarrow{SOD} O_2 + H_2O_2$

Das entstandene Wasserstoffperoxid ist weniger reaktionsfähig, kann aber trotzdem auf Grund seiner doppelten Wirkung als Reduktions- und Oxidationsmittel und seiner Membranpermeabilität Enzyme schädigen. Daher stehen auch hier antioxidative Enzyme zum Abbau zur Verfügung, nämlich die eisenhaltigen, im Wesentlichen auf die Peroxisomen beschränkten Katalasen. Sie katalysieren die Disproportionierung von H_2O_2:

(14) $H_2O_2 + H_2O_2 \rightarrow 2 H_2O + O_2$

Katalasen stellen damit einen Spezialfall der Peroxidasen dar, die generell H_2O_2 unter Bildung von evtl. quervernetzenden Peroxid-Gruppen auf andere Substrate übertragen.

Ein äußerst reaktives und daher kurzlebiges Teilchen ist das Hydroxyl-Radikal, das u. a. in folgender Reaktionsfolge (Gleichung 15+16), der sog. Fenton-Reaktion bzw. Haber-Weiss-Zyklus mit Metallkationen, entsteht (Kehrer, 2000):

(15) $Fe^{2+} + H_2O_2 \rightarrow \cdot OH + OH^- + Fe^{3+}$

(16) $O_2^{\bullet-} + Fe^{3+} \rightarrow Fe^{2+} + O_2$

Hydroxyl-Radikale reagieren praktisch sofort nach ihrer Entstehung mit vielen organischen Molekülen, so u. a. mit Lipiden der pflanzlichen Zellmembran, was zum Tod der betreffenden Zelle führen kann.

Pflanzen nutzen die Sauerstoffradikale auch dafür, lokal begrenzte Gewebebereiche gezielt absterben zu lassen (Nekrosen). Damit werden die Folgen eines Pathogenbefalls begrenzt und die Ausweitung der Erreger auf andere Pflanzenteile verhindert. Dieses „Opfern" eigener Zellen für die Erhaltung des gesamten Organismus nennt man hypersensitive Reaktion (HR).

Einleitung

Der „oxidative burst", also die zeitlich und räumlich begrenzte Freisetzung großer Mengen an ionischen oder radikalischen sauerstoffhaltigen Molekülen oder Ionen dient verschiedenen Zwecken:

- Direkte antimikrobielle Eigenschaften
  Das Wachstum bzw. die Keimung einiger Pilzsporen wird durch H_2O_2 gehemmt (Peng & Kuc, 1992). Kartoffelpflanzen, die das Enzym Glucoseoxidase (dieses produziert H_2O_2 durch Oxidation von Glucose zu Gluconsäure) überexprimieren, besitzen eine verstärkte Resistenz gegen den Erreger der Krautfäule, *Erwinia amylovora* (Wu et al., 1995).

- Verstärkung der Zellwand
  Nach Verwundung wurde u. a. eine Sekretierung von Peroxidasen beobachtet. Zusammen mit im Extrazellularraum aus Superoxid hergestelltem H_2O_2 bewirken diese Enzyme durch eine oxidative Polymerisierung und Quervernetzung von phenolischen Substanzen eine Verfestigung der pflanzlichen Zellwand, so dass ein Vordringen von Pathogenen erschwert wird (Zusammenfassung bei Veitch, 2004).

- Veränderung der Gentranskription
  H_2O_2 als ein Beispiel für ROS erhöht spezifisch die Expression von Genen, die sowohl für dessen eigene Synthese, z. B. NADPH-Oxidase als auch den Abbau (Detoxifizierung) codieren. Weitere von H_2O_2 induzierte Enzyme sind z. B. die Phenylalanin-Ammonium-Lyase (PAL) zur Produktion von pathogenabwehrenden Phenylpropanoiden sowie der dem Stress entgegenwirkenden Enzymfamilie der Glutathion-S-Transferasen GST (Desikan et al., 1998).

Die Signalkaskade der Genaktivierung nach der Perzeption von H_2O_2 umfasst die sequentielle Phosphorylierung von Mitogen-Aktivierten Protein-Kinasen (MAP-Kinasen). Lum et al. (2002) stellten außerdem fest, dass Applikation von H_2O_2 die NOS-abhängige NO-Produktion in Pflanzen induziert (siehe hierzu auch A 3.1). Man schloss daraus, dass beide Stoffe in der Signaltransduktion nach Pathogenbefall sequentiell hintereinander geschaltet sein müssten.

5. Nachweismethoden für Stickstoffmonoxid

Im Folgenden wird ein Überblick über die zahlreichen, meist komplexen Methoden zum Nachweis von NO gegeben. Jede Methode hat ihre Vorteile und Nachteile hinsichtlich Selektivität und Sensitivität. Einen guten Überblick über aktuelle Entwicklungen mit weiteren theoretischen Hintergründen geben Mur et al. (2011). Praktische Anwendungshinweise zu den einzelnen Methoden finden sich bei Vandelle & Delledonne (2008) sowie in Teil D.

Auf eine vollständige Aufzählung von Primärliteratur zu den einzelnen Methoden wird daher weitgehend verzichtet. Ausführlich dargestellt werden nur die in dieser Arbeit verwendeten Methoden.

5.1 Chemilumineszenz

Eine der empfindlichsten und spezifischsten Nachweismethoden für NO in gasförmiger Form ist die Chemilumineszenz.

Diese beruht auf einer Gasreaktion (Gleichungen 17 und 18) zwischen NO und Ozon (O_3), bei der zuerst Stickstoffdioxid entsteht und zwar in einer angeregten Form NO_2^*. Bei der Rückkehr vom angeregten Zustand in den Grundzustand emittiert das Molekül Licht mit Wellenlängen über 600 nm, die von einem Photomultiplier verstärkt und registriert werden (Pinder et al., 2009).

(17) $NO + O_3 \rightarrow NO_2^*$

(18) $NO_2^* \rightarrow NO_2 + h \cdot \nu$

Die Reaktion ist NO-spezifisch und detektiert NO in der Gasphase bis in den ppt (parts per trillion)-Bereich.

5.2 Fluoreszenzfarbstoffe

Insbesondere für die mikroskopische Visualisierung wurde eine Reihe spezifischer Farbstoffe auf Basis des Fluoreszein-Chromophors mit zwei endständigen Aminogruppen (=Diaminofluoresceine; DAF) entwickelt (Kojima et al., 1998). Diese reagieren aber nicht direkt mit NO, sondern einem Oxidationsprodukt, vermutlich N_2O_3 oder NO^+ zu einem Triazolderivat, z. B. DAF-2T. Der gesamte Prozess der Nitrosylierung des Farbstoffs verläuft wahrscheinlich über zwei Stufen, wobei zunächst eine Aktivierung des Chromophors durch eine Ein-Elektronen-Oxidation zu einem Allinylradikal erfolgt und erst im zweiten Schritt die Addition von NO an dieses (Wardman, 2007).

Die Fluoreszenzfarbstoffe existieren in zwei verschiedenen Formen. DAF-2 wird vor allem für extrazellulär produziertes oder von Zellen nach außen abgegebenes NO bzw. für Fluoreszenzmessungen bei *In-vitro*-Reaktionen verwendet. Um intrazellulär gebildetes NO am Ort der Produktion (*in situ*) nachzuweisen, wird eine zweifach mit Essigsäure veresterte Form des Farbstoffs (DAF-2 DA) verwendet. Diese ist membrangängig; nach der Passage durch die Biomembran werden von unspezifischen cytosolischen Esterasen die beiden Acetatgruppen abgespalten, so dass der DAF-Farbstoff entsteht und mit den NO-Oxidationsprodukten reagieren kann.

Weder DAF-2 noch DAF-2T sind membrangängig, so dass die intrazelluläre Fluoreszenz ausschließlich von gebildetem DAF-2T stammt. Letzteres zeigt eine bis um den Faktor 180 erhöhte Fluoreszenz im Vergleich zum unnitrosylierten DAF-2 (Kojima et al., 1998), so dass eine erhöhte Fluoreszenz weitgehend spezifisch auf die Bildung von DAF-2T schließen lässt. Diese Steigerung der Fluoreszenz beruht auf dem sog. photoinduzierten Elektronentransfer PET (Details bei Nagano & Yoshimura, 2002).

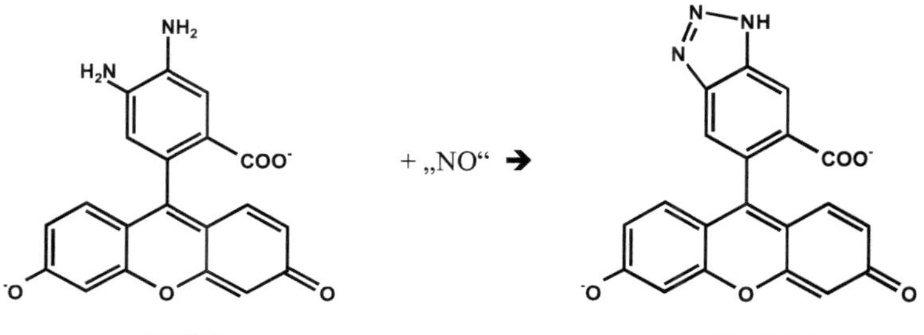

Abb. 8: Reaktion von NO bzw. dessen Oxidationsprodukten mit DAF-2 zu DAF-2T.

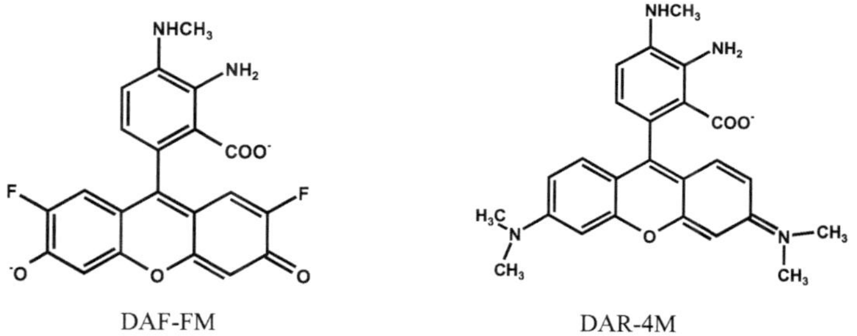

Abb. 9: Weitere häufig angewandte NO-sensitive Fluoreszenzfarbstoffe.

Der am häufigsten angewandte Fluoreszenzfarbstoff ist DAF-2. Dieser hat jedoch den Nachteil, dass das gebildete DAF-2T eine starke pH-Abhängigkeit der Fluoreszenz zeigt; es ist daher nur in alkalischem Milieu gut verwendbar. Diesem Problem kann man durch die Verwendung von DAF-FM (Abb. 9) ausweichen, dessen Triazol eine über weite pH-Bereiche stabile Fluoreszenz aufweist. Gelegentlich wird auch das auf dem Rhodamin-Chromophor basierende Diaminorhodamin (DAR-4M) verwendet.

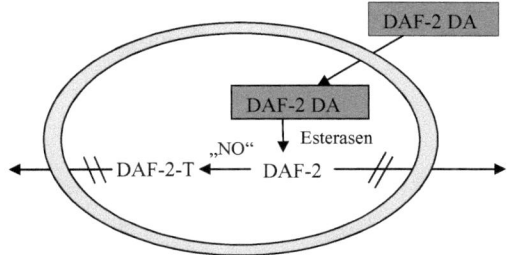

Abb. 10: Wirkungsweise von membrangängigen Fluoreszenzfarbstoffen am Beispiel DAF-2 DA.

Bereits in früheren Untersuchungen wurden Unstimmigkeiten beim Vergleich von NO-Messungen mittels Chemilumineszenz und Fluorimetrie von DAF-Farbstoffen festgestellt. Planchet et al. (2006) stellten bei Tabaksuspensionszellen nach Behandlung mit Cryptogein mittels Chemilumineszenz-Messung eine leicht erhöhte NO-Produktion nach 3 – 6 Stunden fest. Parallel durchgeführte Fluoreszenzmessungen mit DAF-2 DA aufgeladenen Zellen ergaben aber einen schnellen linearen Anstieg für 3 – 6 Stunden, während danach die Fluoreszenz stagnierte.

Weitere Zweifel an der Spezifität von DAF-2 für NO erwuchsen auf Grund der Arbeiten von Zhang et al. (2002). Bei der Reaktion von Ascorbat und Dehydroascorbat, wichtigen Antioxidantien in tierischen und pflanzlichen Organismen, mit DAF-2 wurden Addukte mit einem von DAF-2 nicht unterscheidbaren Fluoreszenzspektrum gefunden.

Eine weitere „nicht-klassische" NO-abhängige Möglichkeit der DAF-Fluoreszenz beschreibt Jourd'heuil (2002). In Gegenwart von Peroxynitrit und H_2O_2 konnte die mittels NO-Donor erzeugte Fluoreszenz bis auf das Siebenfache gesteigert werden. Dabei wird möglicherweise ein radikalisches Intermediat aus DAF-2 erzeugt, das direkt mit NO reagieren kann.

Über eine spontane Erhöhung der Fluoreszenz von DAF-2, DAF-FM und DAR-4M berichten Gan et al. (2013), die ohne jegliche externe NO-Quelle auftrat und zu problematischen Ergebnissen bei geringer NO-Emissionen führen könnte.

Weitere Untersuchungen zeigten einen stark erhöhenden Einfluss von zweiwertigen Kationen (Ca^{2+}, Mg^{2+}) auf die Fluoreszenzintensität des Triazols DAF-2T. Diese Erhöhung der Intensität ist nicht durch eine positive Beeinflussung der Reaktion von DAF-2 mit N_2O_3 zu erklären, sondern beruht auf einer Interaktion von zweiwertigen Kationen mit DAF-2T (Broillet et al., 2001). Eine Erniedrigung der DAF-2T-Fluoreszenz wurde dagegen in Gegenwart von Catecholaminen und Antioxidantien beobachtet. Dieser Effekt ist durch eine direkte Interaktion der Substanzen mit NO zu erklären, so dass dieses nicht mehr für die Reaktion mit DAF-2 zur Verfügung steht (Nagata et al., 1999).

Einen Überblick über die Vor- und Nachteile verschiedener Fluoreszenzindikatoren sowie über mögliche Verknüpfungen mit Ca^{2+}-abhängiger Fluoreszenz bzw. Elektrophysiologie bietet von Bohlen und Halbach (2003).

5.3 Spurenanalyse von NO, Nitrit und Nitrat: Reduktive Chemilumineszenz

Da Stickstoffmonoxid nach Oxidation zu höheren N-Oxiden in wässriger Lösung in hohem Prozentsatz zu den weitgehend stabilen Endprodukten Nitrit (NO_2^-) bzw. Nitrat (NO_3^-) reagiert, kann NO auch über diese Säureanionen nachgewiesen werden. Hierzu eignet sich die reduktive Chemilumineszenz, bei der mit Vanadiumtrichlorid (VCl_3, Gleichungen 19 und 20) oder Triiodid (I_3^-) die gebildeten Oxide im sauren Milieu wieder zu NO rückoxidiert werden (Wang et al., 2006) und dann wie üblich mit der Gasphasen-Chemilumineszenz nachgewiesen werden.

(19) $NO_3^- + 4\,H^+ + 3\,V^{3+} \rightarrow NO + 3\,V^{4+} + 2\,H_2O$

(20) $NO_2^- + 2\,H^+ + V^{3+} \rightarrow NO + V^{4+} + H_2O$

Mit einer ähnlichen Methode basierend auf Triiodid kann auch nur Nitrit oder die mit Proteinen gebildeten Addukte erfasst werden (Feelisch et al., 2002).

5.4 Kolorimetrischer Nachweis

Ein klassischer direkter Nachweis für Nitrit dagegen ist die sog. Lunge- oder Griess-Reaktion. Dabei bildet sich im sauren Milieu aus den zwei Komponenten Sulfanilsäure und α-Naphtylamin ein violetter Azofarbstoff, dessen Absorption photometrisch bei 546 nm gemessen werden kann.

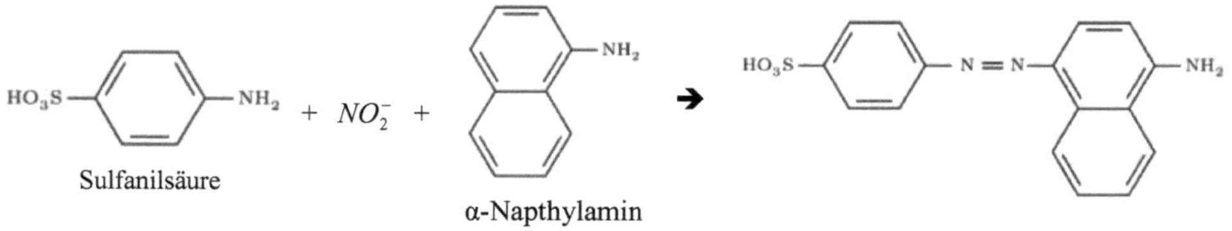

Abb. 11: Reaktionsschema beim kolorimetrischen Nachweis von Nitrit.

Die Griess-Reaktion wurde in verschiedenen Varianten abgewandelt, um Nitrit in Blut und Urin zu messen (Übersicht bei Tsikas, 2007).

Da grundsätzlich nur Nitrit nachgewiesen werden kann, muss evtl. vorhandenes Nitrat zunächst zu Nitrit rückoxidiert werden, was in der Regel durch VCl_3 bewerkstelligt werden kann. Auf diese Weise kann photometrisch die Gesamtmenge an gebildeten N-Oxiden gemessen werden, wobei allerdings Beeinträchtigungen durch die Farbe der Vanadium-Ionen bestehen.

5.5 Weitere Meßmethoden für NO

- Laserphotoakustik (LPAD):

Bei der nicht-invasiven Laserphotoakustik-Methode wird NO mittels Laserpulsen (Infrarotlicht bestimmter Wellenlängen), die von dem Molekül absorbiert werden, spezifisch detektiert. Die bei der Absorption erzeugten Druckunterschiede werden von einem empfindlichen Mikrofon wahrgenommen und ausgegeben (für technische Details siehe Mur et al., 2005).

- Hämoglobin-Methode:

Die hohe Affinität von NO zu eisenhaltigen Hämproteinen wird bei der sog. Hämoglobinmethode genutzt (Murphy & Noack, 1994). Bei der Redoxreaktion von NO mit Fe(II)-Oxyhämoglobin wird nach Gleichung 21 Fe(III)-Methämoglobin und Nitrat gebildet (Ignarro et al., 1993). Die dabei auftretende Veränderung des Absorptionsspektrums kann mittels Photometrie detektiert werden.

(21)   Hämoglobin-Fe(II)-O_2 + NO ➔ Hämoglobin-Fe(III) + NO_3^-

- Elektronenspinresonanz (ESR):

Bei dieser Methode macht man sich die radikalische und damit paramagnetische Natur von NO mit seinem ungepaarten π-Elektron (siehe Abb. 1) zunutze. Auf diese Weise kann man es von anderen diamagnetischen Substanzen in einem von außen angelegten Magnetfeld unterscheiden. Da die Rückkehr des angeregten Elektrons zurück in den Grundzustand viel zu schnell abläuft, wird durch Verwendung sog. „spin-traps" wie Diethyldithiocarbamat (DETC) oder N-Methyl-D-Glucamin-Dithiocarbamat (NMDG), die spezifisch mit NO zu Komplexverbindungen reagieren, eine verbesserte Sensitivität erreicht.

- Polarographie:

Spezifisch oberflächenveränderte Elektroden finden bei der Detektion mittels NO-Elektroden Verwendung. Dabei verändert die Oxidation von NO zum Nitrosoniumkation die Stromstärke an der Oberfläche der Elektrode. NO-Elektroden konnten bisher nur in der Flüssigphase angewandt werden; neuer Entwicklungen lassen auch Gasphasenmessungen zu. Die Sensitivität variiert je nach Art der Elektrode und kann bis unter 1 nM betragen. Einen Überblick über verschiedene Elektrodentypen bieten Davies & Zhang (2008).

- Massenspektrometrie:

Mit Hilfe der Massenspektrometrie (MS) können neben der reinen NO-Detektion auch Isotopenmarkierungsexperimente durchgeführt werden. MS gibt es für pflanzliche Systeme in zwei Varianten: Bei der MIMS (Membrane Inlet MS) diffundiert NO aus Suspensionszellen durch eine dünne Membran in ein Massenspektrometer, während bei der von Conrath et al. (2004) entwickelten RIMS (Restriction Capillary Inlet MS) auch die Messung von NO aus ganzen Pflanzen bzw. Blättern möglich ist. Bei letzterer wandert NO über eine lange, sehr dünne Restriktionskapillare zum Massenspektrometer.

6. Zielsetzungen dieser Arbeit

Die vorliegende Arbeit hatte zwei nicht unmittelbar miteinander zusammenhängende Ziele:

Zum einen wurde untersucht, ob Pflanzen Stickstoffmonoxid (NO) auf oxidativem Wege herstellen können, ohne dabei den tierischen „NOS-Weg" zu beschreiten.

Zum anderen wurde der weitaus größere Teil dazu verwendet, die schwerwiegenden Diskrepanzen aufzulösen, die in der NO-Detektion bei der Verwendung von Fluoreszenz-Indikatoren und der Gasphasen-Chemilumineszenz in unserer Arbeitsgruppe aufgetreten waren. Die Frage war dabei insbesondere, inwieweit die DAF-Fluoreszenz tatsächlich NO-spezifisch ist.

B ERGEBNISSE

1. Existiert eine oxidative NO-Bildung aus Hydroxylamin?

Ausgehend von der Kenntnis über das Auftreten von Hydroxylamin (HA) im globalen Stickstoffkreislauf (siehe A 1.3) sowie wegen dessen bekannter Eigenschaft als NO-Donor (Antoine et al., 1996) wurde die Hypothese einer „echten" oxidativen NO-Synthese in Pflanzen jenseits der umstrittenen NO-Synthase untersucht.

1.1 Tabaksuspensionszellen erzeugen sauerstoffabhängig NO aus Hydroxylamin und verwandten Substanzen

Zunächst wurde getestet, ob Tabaksuspensionszellen grundsätzlich über die Fähigkeit verfügen, NO aus Hydroxylamin freizusetzen. Dazu wurden jeweils 15 mL Zellsuspension mit HA-Lösung versetzt, so dass verschiedene Endkonzentrationen erreicht wurden. Die NO-Emission in die Gasphase wurde mittels Chemilumineszenz detektiert (Abb. 12 A). Bis hinab zu einer Konzentration von 4 µM HA konnte dabei noch eine NO-Freisetzung festgestellt werden (Abb. 14).

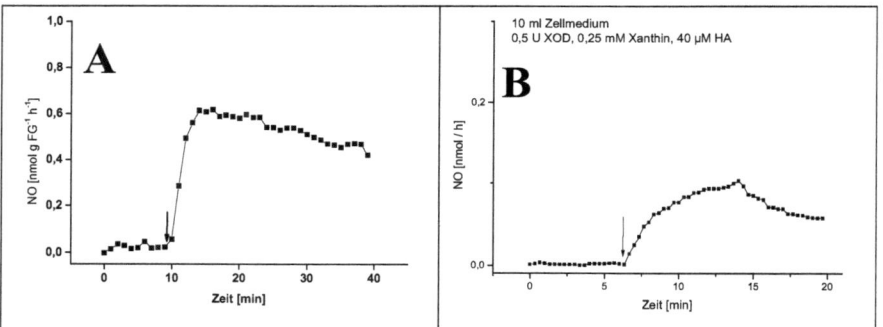

Abb. 12: NO-Emission aus Tabaksuspensionszellen (A) sowie *in vitro* aus XOD und Xanthin (B) nach Zugabe von HA (Zeitpunkt der Zugabe jeweils symbolisiert durch den Pfeil). Die Diagramme zeigen jeweils ein repräsentatives Beispiel aus mind. drei Parallelversuchen.

Im nächsten Schritt wurde an Stelle von HA die häufig als Hemmstoff der Alternativen Oxidase (AOX) verwendete Salicylhydroxamsäure (SHAM, siehe A 3.2.2), ein strukturelles Derivat von HA, untersucht. Tatsächlich konnte auch SHAM von den Zellen zu Stickstoffmonoxid oxidiert werden – sowohl in niedrigen als auch in hohen Konzentrationen. Allerdings ließ sich mit SHAM die Emission von NO nicht beliebig steigern. Hohe Konzentrationen im millimolaren Bereich, in denen der Hemmstoff normalerweise angewandt wird (Gupta et al., 2005), ergaben dieselbe Emission wie niedrige Konzentrationen. Hier zeigte sich – soweit untersucht – ein Gegensatz zu HA.

Für beide Substanzen allerdings gilt: Je höher die verabreichte Konzentration, desto länger hält die Emission von NO an.

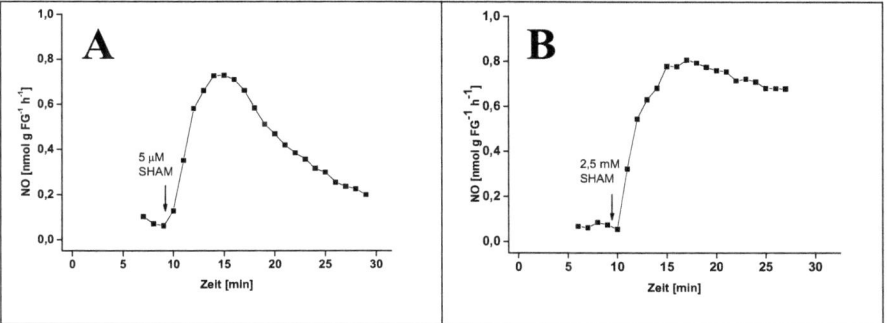

Abb. 13: NO-Emission aus 5 µM (A) bzw. 2,5 mM (B) SHAM nach Applikation auf 15 ml Tabaksuspensionszellen (Zeitpunkt jeweils durch Pfeil markiert) gemessen mittels Chemilumineszenz. Die Abbildungen zeigen repräsentative Graphen aus drei Parallelversuchen.

Zur weiteren vorläufigen Charakterisierung der Reaktion wurde zunächst die Sauerstoffabhängigkeit überprüft. Bei Durchleitung von Stickstoff anstelle von Luft durch die Chemilumineszenz-Apparatur, fand keinerlei NO-Emission mehr statt. Die Emissionsrate in Pressluft stieg bei der verwendeten niedrigen HA-Konzentration (4 µM) zunächst nur für ca. 3 Minuten an und sank danach rasch wieder ab. Ein Vergleich der Gesamtfläche der Emissionskurve (= der gesamten NO-Emission durch 4 µM HA) bis zum Reaktionsende nach ca. 20 Minuten mit der eingesetzten HA-Stoffmenge ergab, dass nur ca. 0,125 % des eingesetzten HA zu NO oxidiert wurden.

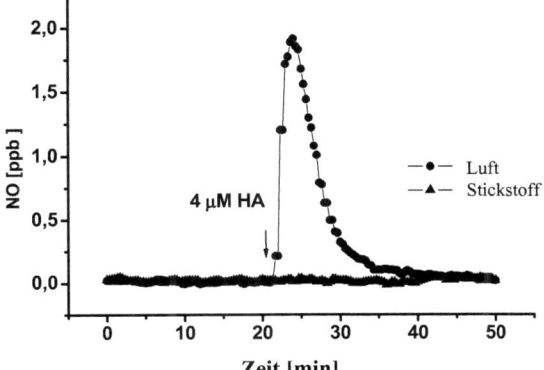

Abb. 14: NO-Emission (ppb) durch 10 mL Tabaksuspensionszellen nach Zugabe von 4 µM HA in einer Chemilumineszenz-Apparatur, die während der Messung mit NO-freier Pressluft bzw. Stickstoff durchspült wurde.

1.2 Ist die NO-Produktion abhängig von der Bildung von ROS?

Die gezeigte Sauerstoffabhängigkeit könnte möglicherweise über die Bildung von Reaktiven Sauerstoffspezies (siehe hierzu A 4.2) erfolgen, die natürliche Beiprodukte der Atmungskette, der photosynthetischen Elektronentransportkette, der PM-NADPH-Oxidase und vieler anderer Reaktionen sind und besonders unter Stressbedingungen (z. B. Schwermetallbelastung, Pathogenattacken) gebildet werden. Suspensionszellen wurden mit verschiedenen Substanzen behandelt, welche entweder die Bildung von ROS provozieren oder aber als ROS-Scavenger fungieren. Auch unter diesen jeweiligen Bedingungen wurde die NO-Emission der Zellen mit der Chemilumineszenz detektiert.

Um zunächst die Bildung von ROS zu erhöhen, wurde Zellen entweder mit dem Schwermetallsalz $CdCl_2$ (Schützendübel & Polle, 2002) oder mit dem pilzlichen Elicitor Cryptogein (siehe A 4.1) inkubiert. Auch Myxothiazol, ein Hemmstoff der Atmungskette in den Mitochondrien, sorgte für eine erhöhte Bildung von ROS (siehe A 3.2.3).

Die größte Steigerung der NO-Emission konnte eindeutig mit Cryptogein erreicht werden (Abb.). Keine Erhöhung der NO-Produktion wurde durch Myxothiazol verursacht. Mit $CdCl_2$ war ein klarer Effekt mit SHAM als Substrat zu erkennen, mit HA dagegen kaum.

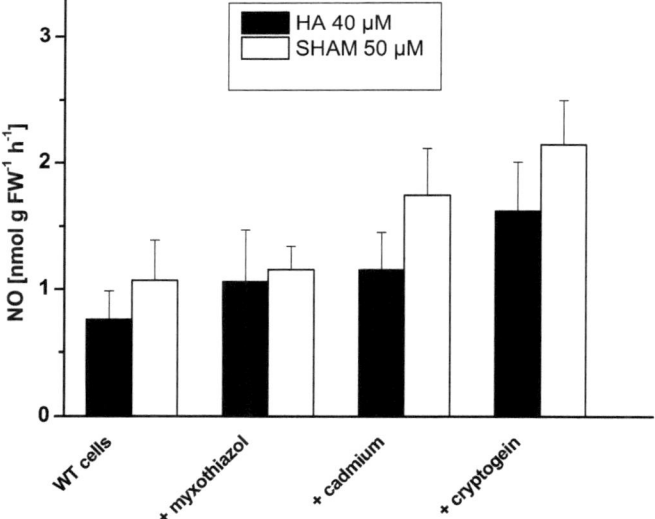

Abb. 15: NO-Emission über einen Zeitraum von 30 Minuten aus HA bzw. SHAM nach einstündiger Inkubation von 10 mL Zellsuspension mit Myxothiazol (10 µM), $CdCl_2$ (500 µM) bzw. Cryptogein (50 µM). Gezeigt sind die Mittelwerte aus 5 Wiederholungen.

1.3 *In-vitro*-Versuche zur Oxidation von Hydroxylaminen zu Stickstoffmonoxid

Die beschriebenen Experimente mit Suspensionszellen ergaben Hinweise auf die Beteiligung von ROS an der Oxidation von HA zu Stickstoffmonoxid. Zur weiteren Absicherung wurden verschiedene ROS-generierende *In-vitro*-Systeme genutzt:

- Die Oxidation von Glucose zu Gluconsäure mit Hilfe der Glucoseoxidase (GOD) erzeugt H_2O_2:

(22) Glucose + O_2 → Gluconsäure + H_2O_2

- Das Superoxid-Radikalanion wird bei der Konvertierung von Xanthin in Hypoxanthin bzw. Harnsäure durch die Xanthinoxidase (XOD) gebildet:

(23) Xanthin + O_2 → Harnsäure + O_2^-

Um dabei neben NO auch die Oxidationsprodukte von NO (NO_x, i. e. NO_2^- und NO_3^-) zu erfassen, wurde eine abgewandelte Methode des Lunge-Nachweises angewandt, bei der auch das entstandene NO_3^- quantifiziert werden kann (Casanova et al., 2006). Die erhaltenen Messwerte korrelierten im Wesentlichen mit den parallelen Chemilumineszenzmessungen von NO.

Tab. 4: NO-Emission (Chemilumineszenz, integrierte Peakflächen) sowie Nitrit- und Nitratbildung (in nmol pro 10 mL Reaktionslösung) aus HA bzw. SHAM. Die Lösung enthielt die angegebenen Substanzen (0,5 U XOD, 0,25 mM Xanthin, 0,5 U GOD, 5 mM Glucose, 7 U SOD). Die Reaktionszeit betrug jeweils 30 Minuten, die angegebenen Mittelwerte stammen aus drei unabhängigen Messungen.

Reaktionsansatz	Gesamt-NO-Emission [nmol]	Nitrit [nmol/10 ml]	Nitrit + Nitrat [nmol/10 ml]
+ HA (400 nmol/10 ml Zellsuspension)			
Kontrolle	0.00352 ± 0.00088	1.57 ± 0.25	25.4 ± 4.4
+ XOD + Xanthin	0.051 ± 0.0088	24.89 ± 0.59	97.6 ± 37.5
+ XOD + Xanthin + SOD	0,117 ± 0.022	142.68 ± 3.07	267.2 ± 5.62
+ SOD	0.034 ± 0.001	2.82 ± 0.49	22.02 ± 11.02
+ GOD + Glucose	0.0084 ± 0.0031	7.70 ± 5.20	Nicht gemessen
+ SHAM (500 nmol/10 ml Zellsuspension)			
Kontrolle	0.00 ± 0.00	1.86 ± 1.08	5.98 ± 1.74

_Ergebnisse

+ XOD + Xanthin	0.0084 ± 0.0035	29.46 ± 0.29	50.80 ± 1.37
+ XOD + Xanthin + SOD	0.0145 ± 0.0031	20.66 ± 0.04	90.34 ± 19.03
+ SOD	0.0299 ± 0.0044	3.12 ± 1.24	23.45 ± 5.89
+ GOD + Glucose	0.00088 ± 0.0004	7.10 ± 4.08	Nicht gemessen

Bei beiden *In-vitro*-Messreihen zeigte sich, dass die Superoxid-produzierenden Enzymsysteme die Oxidation von SHAM bzw. HA zu NO stark erhöhen. Mit HA als Substrat entsteht dabei wesentlich mehr NO und Nitrat als mit SHAM. Nach Zugabe von SOD, einem superoxid-abbauenden Enzym, zeigte sich unerwarteter Weise eine Verdopplung der NO-Emission und, im Falle von HA, eine Verdreifachung der NO_x-Menge. Auch hier war die Steigerung im Falle von HA wieder wesentlich stärker ausgeprägt als bei SHAM. Bemerkenswerterweise erhöhte SOD alleine im Falle von HA die NO-Bildung (aber nicht die Nitrit- und Nitrat-Bildung) ebenfalls, obwohl in diesem Fall gar kein ROS gebildet wird. Im Falle von Wasserstoffperoxid war nur eine schwache Oxidation festzustellen.

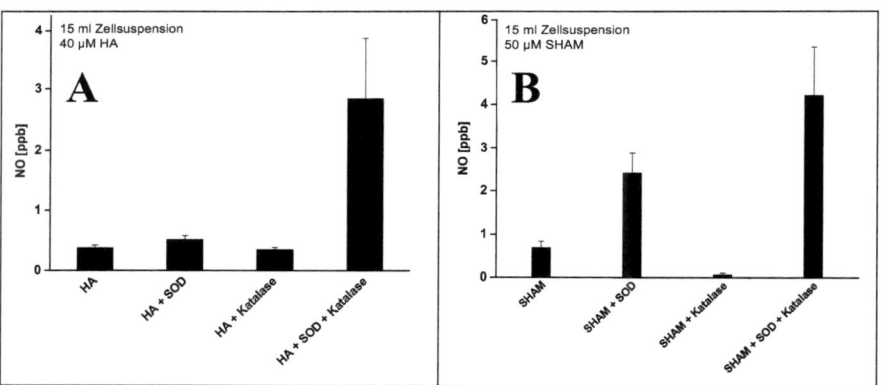

Abb. 16: NO-Emission durch Tabaksuspensionszellen (integrierte Fläche des Chemilumineszenz-Graphen) nach Zugabe der angegebenen ROS-abbauenden Enzyme (1 U/mL SOD, 666 U/mL Katalase) sowie HA bzw. SHAM. (n = 4)

Die beschriebenen ROS-generierenden Enzyme hatten auch deutliche Effekte auf die NO-Produktion durch intakte Zellen. Wurde SOD zusammen mit HA bzw. SHAM auf Tabaksuspensionszellen appliziert, so zeigte sich im Gegensatz zu den *In-vitro*-Versuchen eine größere relative Steigerung mit SHAM als mit HA (Abb. 16). Bei Inkubation der Zellen mit zwei ROS-abbauenden Enzymen (SOD und Katalase) gleichzeitig – eine Situation, die *in vitro* nicht getestet wurde – ergab sich die stärkste Steigerung der NO-Emission. Auch dieser Befund war unerwartet. Es deutet sich damit an, dass die Oxidation von Hydroxylaminen zu NO durch enzymatische Katalyse stark beschleunigt werden kann.

1.4 Messung der HA-Oxidation mittels DAF-Fluoreszenz

Insbesondere bei Beteiligung der SOD scheinen große Mengen des entstandenen NO einer Messung mittels Chemilumineszenz durch die rasche Weiteroxidation zu NO_2^- und NO_3^- zu entgehen (Tab. 4), so dass das reale Ausmaß der NO-Bildung noch viel größer sein müsste, wenn NO das primäre Oxidationsprodukt wäre. Deshalb wurde NO auch mittels der etablierten DAF-Fluoreszenz untersucht, wobei eine unmittelbare Reaktion mit NO bzw. dessen Oxidationsprodukten schon in Lösung (d. h. ohne Austreibung von NO aus der Wasserphase) stattfinden sollte.

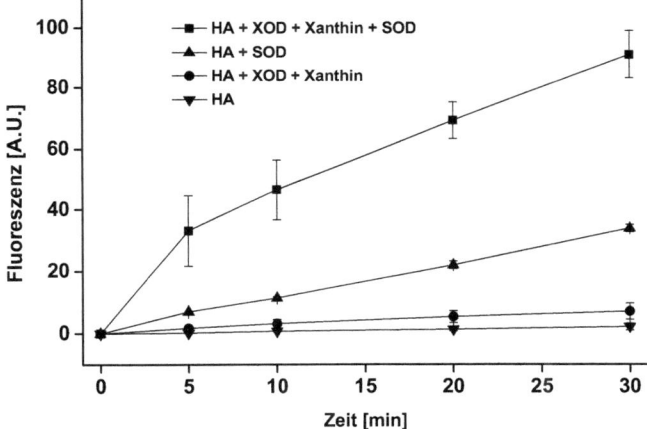

Abb. 17: NO-Emission aus Hydroxylamin gemessen mittels DAF-Fluoreszenz in einem zellfreien Medium, das 40 µM Hydroxylamin, 0,05 U XOD + 0,25 mM Xanthin, 1 U SOD und 5 µM DAF-2 in den angegebenen Kombinationen enthält. Die Kontrolle (nur DAF) wurde der Übersichtlichkeit halber weggelassen. (n = 3).

Auch mit dieser Messmethode konnte eine Steigerung der NO-Bildung durch SOD beobachtet werden, allerdings schien hier alleine mit SOD mehr NO (gemessen als DAF-Fluoreszenz) gebildet zu werden als mit XOD+Xanthin+HA (vgl. Tab. 4). Diese offensichtliche Diskrepanz zwischen den Chemilumineszenz-Meßdaten und den Ergebnissen der DAF-Fluoreszenz, die bereits in früheren Messungen in anderem Zusammenhang aufgetaucht sind (Planchet et al., 2006) führte zu weiteren Untersuchungen.

Es sollte die Beeinflussung der DAF-Fluoreszenz – hervorgerufen durch NO-Gas und NO-Donoren – durch SOD näher untersucht werden. Dazu wurde eine Lösung, die 5 U SOD und 5 µM DAF-2 enthielt, mit 5 ppm NO (vermischt mit Stickstoff oder Luft) durchspült und die Fluoreszenz von Aliquots zu bestimmten Zeiten ermittelt (Abb. 18 A).

Ergebnisse

Unerwarteter Weise war der Fluoreszenzanstieg mit NO alleine extrem niedrig, konnte aber durch SOD stark gesteigert werden. Eine ähnliche SOD-Wirkung trat auch bei Verwendung des NO-Donors Angeli's Salz (siehe C 1.4) auf (Abb. 18 B).

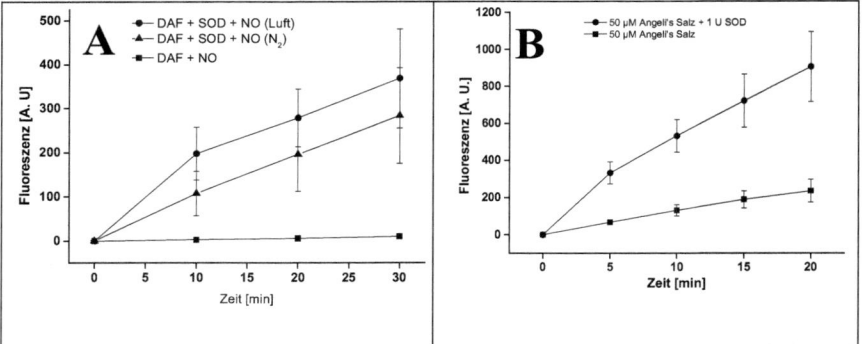

Abb. 18: (A) Zeitabhängige Fluoreszenz von Lösungen, die 5 µM DAF-2, 1 U/mL SOD enthalten und von 5 ppm NO (gemischt mit N_2 oder Luft) durchspült wurden. (B) Fluoreszenzentwicklung aus 50 µM Angeli's Salz in Gegenwart von 1 U/mL SOD (in zellfreiem Medium). Die Mittelwerte stammen aus drei unabhängigen Messreihen.

2. Untersuchungen zur DAF-Fluoreszenz nach Elicitierung von Tabaksuspensionszellen

Ausgehend von den bereits erwähnten widersprüchlichen Ergebnissen zur NO-Bildung aus Blättern oder Suspensionszellen, die bei der NO-Messung mittels Chemilumineszenz und DAF-Fluoreszenz auftraten (Planchet et al., 2006) sollte nunmehr ein systematischer Vergleich beider Methoden durchgeführt werden.

Hierzu wurde einerseits DAF-2 verwendet, das nicht in Zellen eindringt und NO nur nach Abgabe durch die Zellen in das umgebende Zellmedium erfasst. Andererseits sollte mit dem zellpermeablen Diacetat (DAF-2 DA) auch NO im Zellinneren *in situ* detektiert werden. Ergänzend wurden auch das Derivat DAF-FM bzw. DAF-FM DA sowie der Rhodaminfarbstoff DAR-4M verwendet. Beide werden als NO-Indikatoren in der Literatur verwendet (siehe A 5.2).

2.1 Charakterisierung von DAF-reaktiven Substanzen im Filtrat von elicitierten Zellen

Um eine sichere, reproduzierbare NO-Bildung und –Sekretion ins Medium zu induzieren, wurden Tabaksuspensionszellen (Wildtyp) mit Cryptogein inkubiert. Die Zellen wurden dann rasch durch Filtration vom Medium getrennt und erst der so erhaltene „Überstand" wurde mit DAF-2 versetzt. Aus früheren Chemilumineszenz-Untersuchungen (Planchet et al., 2006) war bekannt, dass Zellen einer völlig Nitratreduktase-freien *Nia30*-Doppelmutante (Müller, 1983) weder NO noch Nitrit produzieren. Diese Mutanten wurden zum Vergleich ebenfalls gemessen.

Um eine Unterscheidung zwischen einer potentiellen oxidativen oder reduktiven NO-Synthese vornehmen zu können, wurden die Zellen sowohl unter Luft als auch unter Stickstoff inkubiert. Die Überstände (s. o.) wurden dann normal in Luft weiterbehandelt.

Abb. 19 zeigt, dass sowohl bei den *Nia30*-Mutanten als auch mit Wildtypzellen (jeweils in Pressluft) ein starker ca. eine Stunde anhaltender Fluoreszenzanstieg stattfand, obwohl die *Nia30*-Mutante eigentlich kein NO zu produzieren schien (Chemilumineszenzdaten). Bei Durchleitung von Stickstoff fand absolut kein Fluoreszenzanstieg statt. Die Bildung fluoreszierender DAF-Derivate war also sauerstoffabhängig.

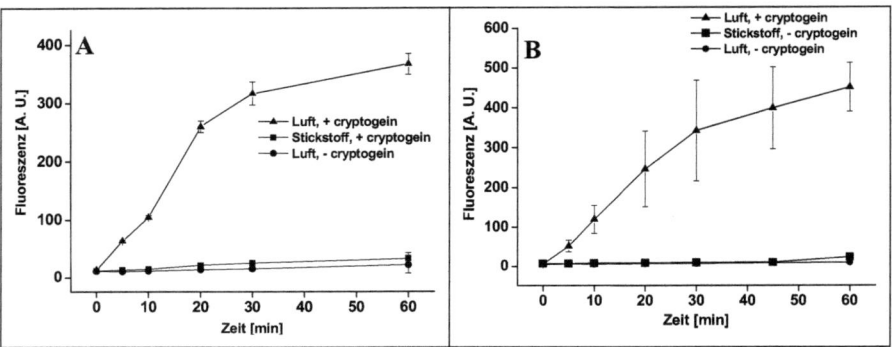

Abb.19: Fluoreszenz des Filtrates von elicitierten bzw. unbehandelten Tabaksuspensionszellen, in Stickstoff bzw. Pressluft (A: Wildtyp *Nicotiana tabacum* cv. Gatersleben; B: *Nia30*-Doppelmutante) nach Zugabe von DAF-2 (0,5 µM).

Weitere Experimente mit diesem Überstand sollten nun Hinweise auf die Eigenschaften des Stoffes bzw. der Stoffe („Substanz X"), die/der mit DAF reagiert. Da NO als Radikal in wässriger Lösung – abhängig von der Konzentration – eine nur kurze Halbwertszeit aufweist, wurde der Fluoreszenzanstieg nach DAF-Zugabe zu einem kurz erhitzten Überstand sowie nach längerer Standzeit (bis 24 h) des Überstandes bei Raumtemperatur untersucht (Tab. 5). Im ersten Fall wurde die Fluoreszenz nahezu komplett eliminiert, in letzterem sank sie auf ca. 1/3 des ursprünglichen Wertes. Nach der langen Standzeit hätte sich NO entweder verflüchtigt oder es wäre vollständig zu Nitrit bzw. Nitrat oxidiert worden; diese Befunde sprechen ziemlich eindeutig dagegen, dass sich hinter „Substanz X" NO verbirgt. Vielmehr musste hier erstmals damit gerechnet werden, dass DAF-Fluoreszenz auch ganz ohne NO zustande kommen könnte.

Tab. 5: DAF-2-Fluoreszenz im Filtrat von Tabaksuspensionszellen (*Nicotiana tabacum* cv. Gatersleben), die für eine Stunde mit oder ohne Cryptogein inkubiert wurden. Nach Filtration wurde der Überstand behandelt wie angegeben. DAF-2 wurde zugegeben und die Fluoreszenz nach einer Stunde gemessen. Die Mittelwerte wurden aus 3 – 6 Wiederholungen gebildet. (Details siehe Material und Methoden)

	- Cryptogein	+ Cryptogein
	Fluoreszenz	
Zellfiltrat	11.7 ± 5.7	672.5 ± 159.7
nach Erhitzen (5 min 90 °C)	3.2 ± 0.6	4.1 ± 1.2
nach 16 h bei 7 °C	2.5 ± 0.4	224.1 ± 116.0
Filtrat + 0.1 mM KCN	2.3 ± 0.7	146.9 ± 35.1
Filtrat + 6 U catalase	4.1 ± 0.8	3.8 ± 2.3

_____Ergebnisse

Filtrat von Zellen + DPI	nicht gemessen	52.5 ± 14.0
nach Gelfiltration (G 25)	7.0 ± 3.0	56.8 ± 22.3
nach Gelfiltration + H_2O_2	76.5 ± 4.72	215.8 ± 5.6
nach VS-Filtration	3.8 ± 0.9	6.3 ± 3.7
nach VS-Filtration + MRPO	4.6 ± 0.6	396.0 ± 35.4

Zur weiteren Charakterisierung der vermuteten Substanz „X" wurde mit Zugabe verschiedener Stoffe bzw. Enzyme versucht, diese Fluoreszenz zu beeinflussen. Zeitgleiche Zugabe von DAF-2 und Katalase, einem H_2O_2-abbauenden Enzym, verhinderte den Fluoreszenzanstieg im Filtrat von Cryptogein-behandelten Zellen komplett (Tab. 5). Wasserstoffperoxid scheint für die Generierung der Fluoreszenz also essentiell zu sein. Tatsächlich wird H_2O_2 als Reaktion auf Pathogene während des „oxidative burst" durch die membranständige NADPH-Oxidase in Zusammenarbeit mit der Katalase gebildet (siehe A 4.1)

Einen weiteren Hinweis auf eine H_2O_2-abhängige DAF-Fluoreszenz lieferte die Inkubation der Zellen mit Cryptogein und Diphenyleniodoniumchlorid (DPI), einem Hemmstoff der PM-NADPH-Oxidase. Der Fluoreszenzanstieg sank auf weniger als ein Zehntel des ursprünglichen Wertes nach Zugabe von DAF-2 zum entsprechenden Filtrat (Tab. 5).

Durch die bisherigen Versuche war allerdings noch nicht gänzlich ausgeschlossen, dass NO bei der Generierung der Fluoreszenz im Zellüberstand eine Rolle spielt. H_2O_2 könnte möglicherweise an einem Oxidationsprozess von NO in eine DAF-reaktive Form beteiligt sein. Diese Reaktion könnte im biologischen System unter enzymatischer Katalyse ablaufen. Ein Kandidat für apoplastisch vorhandene, nach Pathogenbefall sekretierte Enzyme sind die Peroxidasen.

Die Zugabe von Kaliumcyanid in mittlerer Konzentration (100 µM) zum Filtrat von elicitierten Zellen verringerte den Fluoreszenzanstieg auf ca. 25 %. Die Wirkung von Kaliumcyanid beruht auf der Bildung von sehr stabilen Komplexen mit Metallionen in Enzymen, im Fall von Kaliumcyanid besonders mit Eisen-Ionen. Die Verminderung könnte also auf eine Beeinträchtigung der enzymatischen Aktivität bei der Erzeugung der fluoreszerhöhenden Verbindungen, z. B. durch eisenhaltige Peroxidasen deuten.

Enzyme besitzen ein hohes Molekulargewicht, H_2O_2 dagegen nicht. Eine selektive Filtration sollte die Fluoreszenz im Filtrat von Cryptogein-behandelten Zellen daher vermindern. Tatsächlich konnte durch VectaSpin(VS)-Filtration, bei der nur Komponenten mit hohem Molekulargewicht (=Enzyme) zurückgehalten werden, die Fluoreszenz nach DAF-Zugabe fast komplett gehemmt werden. Mittels nachträglicher Zugabe von Meerrettich-Peroxidase (MRPO) und DAF-2 zu diesem Filtrat konnte die Fluoreszenz wieder auf mehr als 50 % des erwarteten Wertes gesteigert werden.

Beide Befunde erhärten die Notwendigkeit einer extrazellulären Peroxidase für die Erzeugung einer NO-unabhängigen hohen DAF-Fluoreszenz im Zellfiltrat.

Die selektive Abtrennung von Wasserstoffperoxid als Komponente mit niedriger molekularer Masse konnte mittels Gelfiltration durch Sephadex G 25 in kleinen Säulen durchgeführt werden. Nach Zugabe von DAF-2 zum Filtrat war der Fluoreszenzanstieg um 90 % gehemmt. Nachträgliche Zugabe von H_2O_2 und DAF-2 stellt allerdings nur ca. ein Drittel der ursprünglichen Fluoreszenz wieder her. Dasselbe Ergebnis war nach H_2O_2-Zugabe zum Filtrat von unbehandelten Kontrollzellen zu erhalten, was daraufhin deutet, dass Peroxidase konstitutiv im Zellüberstand vorhanden ist, während H_2O_2 nur nach Pathogenbefall über die membranständige NADPH-Oxidase gebildet wird.

Eine Bestätigung hierfür ergab auch die Messung der Menge an H_2O_2 (Abb. 20) und der Peroxidase-Aktivität in den Überständen (Tab. 6).

Tab. 6: PO-Aktivität im Filtrat von Cryptogein-behandelten und unbehandelten Suspensionszellen (Details zur Messung siehe Material und Methoden)

- Cryptogein	+ Cryptogein
PO-Aktivität [mU/mL Zellfiltrat]	
20.0 ± 7.1	23.8 ± 8.9

Sowohl bei unbehandelten als auch elicitierten Zellen fand sich ungefähr die gleiche Peroxidase-Aktivität, während die Konzentration an H_2O_2 im Filtrat von Cryptogein-behandelten Suspensionszellen fünfmal höher als in der Kontrolle lag. Bei Zugabe des NOX-Inhibitor DPI (50 µM) zu Cryptogein-behandelten Zellen sank auch die H_2O_2-Konzentration im Filtrat der behandelten Zellen auf das Niveau der Kontrolle (Abb. 20).

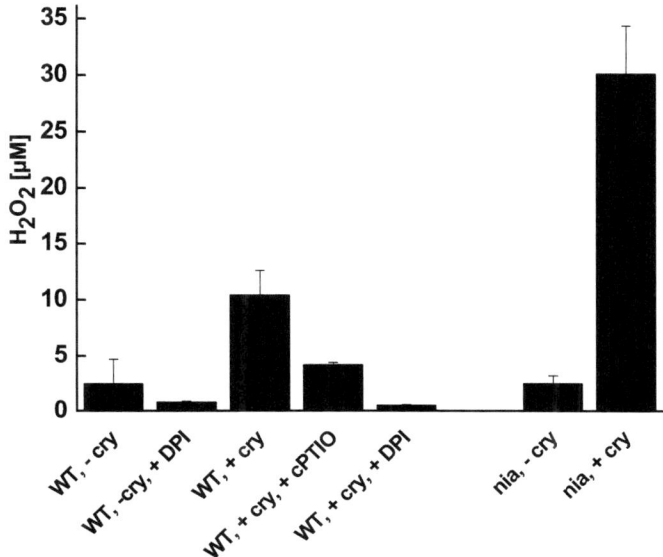

Abb. 20: H_2O_2-Konzentration im Filtrat von Suspensionszellen des Tabak-Wildtyps (var. Gatersleben oder Xanthi) bzw. der *Nia30*-Doppelmutante nach Behandlung mit Cryptogein (cry). Details zur Messung siehe Material und Methoden. (n = 5 – 7).

2.2 Hemmung der DAF-Fluoreszenz in Anwesenheit von Suspensionszellen

Prinzipiell sollte sich die oben beschriebene Fluoreszenzerhöhung nicht nur in einem Zellfiltrat einstellen, sondern auch dann, wenn DAF-2 bereits bei der Elicitierung der Zellen mit Cryptogein anwesend wäre. Hierzu wurden zu bestimmten Zeitpunkten vom kompletten Zellansatz Aliquots filtriert und das Filtrat sofort fluorimetrisch gemessen. Das Ergebnis zeigt in diesem Fall eine sowohl bei unbehandelten als auch behandelten Zellen über die zwei Stunden Inkubationszeit nahezu gleichbleibende, auf sehr niedrigem Niveau liegende Fluoreszenz, dies sowohl bei *Nia30*-Mutanten als auch bei Wildtypzellen (Abb. 21). Nur zu Beginn fand jeweils ein kurzer steiler Anstieg statt.

Ergebnisse

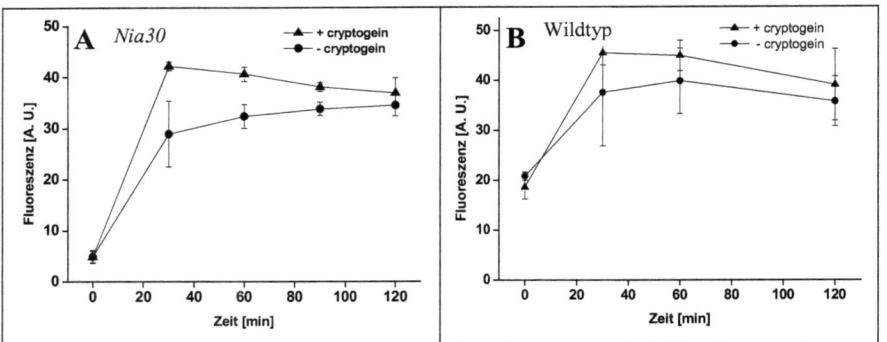

Abb. 21: Fluoreszenz bei direkter Inkubation von Suspensionszellen (*Nia30*-Doppelmutante und Wildtyp) mit Cryptogein (50 nM) und DAF-2 (0.5 µM). Zu den angegebenen Zeiten wurden 2 mL Suspensionszellen abgenommen, filtriert und das Filtrat fluorimetrisch gemessen.

Eine mögliche Erklärung für das unerwartete Phänomen könnte sein, dass Suspensionszellen eine Substanz bzw. Substanzen auf der Zellwand besitzen oder in den Apoplasten abgeben, die den Anstieg der Fluoreszenz hemmt bzw. hemmen. Eine weitere Möglichkeit würde in einer Veränderung der Reaktionsprodukte in eine nicht fluoreszierende Form bestehen.

Um diesen Effekt näher zu untersuchen, wurden Suspensionszellen mit dem Produkt aus einer *In-vitro*-Reaktion (Meerretich-Peroxidase+H_2O_2+DAF-2, siehe 2.3) sowie DAF-2T versetzt. In ersterem Fall wurde keine Fluoreszenzabnahme festgestellt, die Fluoreszenz von DAF-2T dagegen wurde erniedrigt (Abb. 22). Der offensichtliche Abbau von DAF-2T durch Zellen wurde bei Verwendung von mit Cryptogein elicitierten Zellen noch verstärkt (nicht gezeigt). Da dies auf eine mögliche Reaktion von DAF-2T mit einer ROS-Komponente hindeutet, wurde *in vitro* DAF-2T mit H_2O_2 sowie dem Superoxid-generierenden System Xanthin+XOD versetzt. Hier konnte aber kein Effekt festgestellt werden. Der genaue Mechanismus dieser „DAF-Zersetzungsreaktion" ist daher noch nicht bekannt.

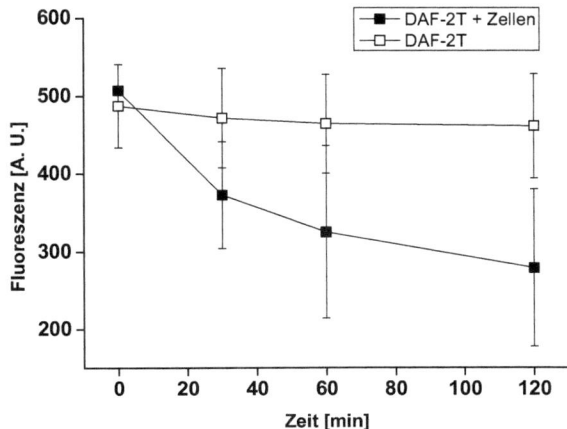

Abb. 22: Veränderung der Fluoreszenz von DAF-2T (50 nM) in Gegenwart oder in Abwesenheit von Tabaksuspensionszellen (n = 3). Zu den angegebenen Zeiten wurden 2 mL Zellsuspension abgenommen, filtriert und das Filtrat fluorimetrisch untersucht.

Die Verminderung der DAF-2T-Fluoreszenz konnte auch mit Zellhomogenisaten und Extrakten beobachtet werden. Die genaue Ursache dieses Effektes ist derzeit noch unbekannt.

2.3 Spektrometrische und chromatographische Charakterisierung der DAF-Reaktionsprodukte

Da zu diesem Zeitpunkt bereits eine Beteiligung von NO an der Bildung der fluoreszierenden DAF-Produkte weitgehend ausgeschlossen werden konnte, sollten nun diese bis dato nicht näher beschriebenen Produkte charakterisiert werden.

Zunächst wurden die fluorimetrischen Anregungs- und Emissionsspektren von DAF-2T und den neuen Reaktionsprodukten verglichen. Dabei stellte sich heraus, dass diese im gemessenen, für DAF-2T typischen Wellenlängenbereich allerdings identisch waren. DAF-2T und die neuen Produkte können deshalb durch einfache spektrometrische Messungen nicht unterschieden werden (Abb. 23).

Ergebnisse

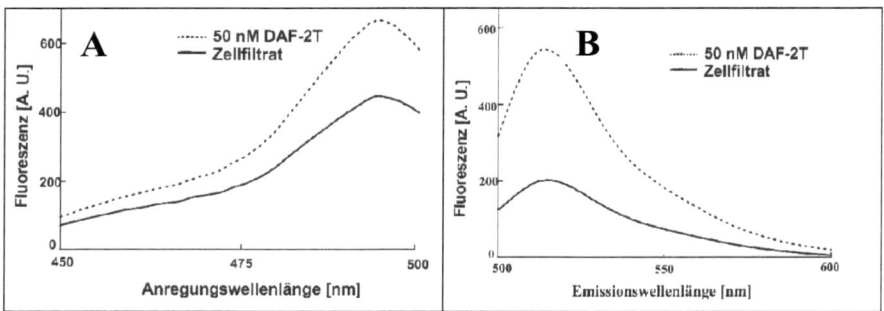

Abb. 23: Absorptions- (A, Emissionswellenlänge 515 nm) und Emissionsspektren (B, Anregungswellenlänge 495 nm) von DAF-2T und Zellfiltrat von Cryptogein-behandelten Zellen nach Zugabe von DAF-2 sowie einer Reaktionszeit von 1 Stunde.

Um die zu diesem Zeitpunkt aufgestellte Hypothese eines Zweikomponentensystem bestehend aus einem Enzym, vermutlich einer Peroxidase und einer reaktiven Sauerstoffspezies (H_2O_2) bei der Entstehung neuer fluoreszierender Produkte weiter zu untermauern, wurde ein _In-vitro_-System aus handelsüblicher gereinigter Meerrettich-Peroxidase (MRPO), Wasserstoffperoxid und DAF-2 in einem möglichst einfach gehaltenen LS-Medium („LS-Mangel", siehe D 1.1) verwendet. Tatsächlich wurde in diesem reinen _In-vitro_-System (MRPO+H_2O_2+DAF-2) ein ähnlicher, teilweise sogar wesentlich höherer Fluoreszenzanstieg gemessen als _in vivo_ (Zugabe von DAF-2 zum Zellfiltrat von elicitierten Zellen).

Um zu überprüfen, ob im Überstand der Zellen und _in vitro_ die gleichen fluoreszierenden Produkte aus DAF-2 entstehen, war eine weitergehende Auftrennung mittels HPLC und angeschlossener Fluoreszenzdetektion nötig. Als Vergleichssubstanz für die Reaktion von DAF-2 mit NO bzw. oxidierten Spezies wurde dabei das käufliche Triazol DAF-2T verwendet.

Beim verwendeten Gradientenmodus eluieren hydrophile Substanzen bei einer früheren Retentionszeit (RZ) im Vergleich zu lipophileren Komponenten. Somit konnte eine grobe Unterscheidung der DAF-Reaktionsprodukte vorgenommen werden.

DAF-2T als Referenzsubstanz wurde meist bei einer Retentionszeit von 5,8 Minuten registriert (Abb. 24 A). Bei einer Auftrennung des mit DAF-2 abreagierten Überstandes von elicitierten Suspensionszellen wurden dagegen zwei lipophilere fluoreszierende Komponenten mit Retentionszeiten von 10 und 12 Minuten aufgefunden (Abb. 24 D), während im Filtrat von Kontrollzellen keine Fluoreszenz detektiert wurde (Abb. 24 C). Dieselben DAF-Derivate konnten auch als Produkt der _In-vitro_-Reaktion von DAF-2+MRPO+H_2O_2 nachgewiesen werden (Abb. 24 B).

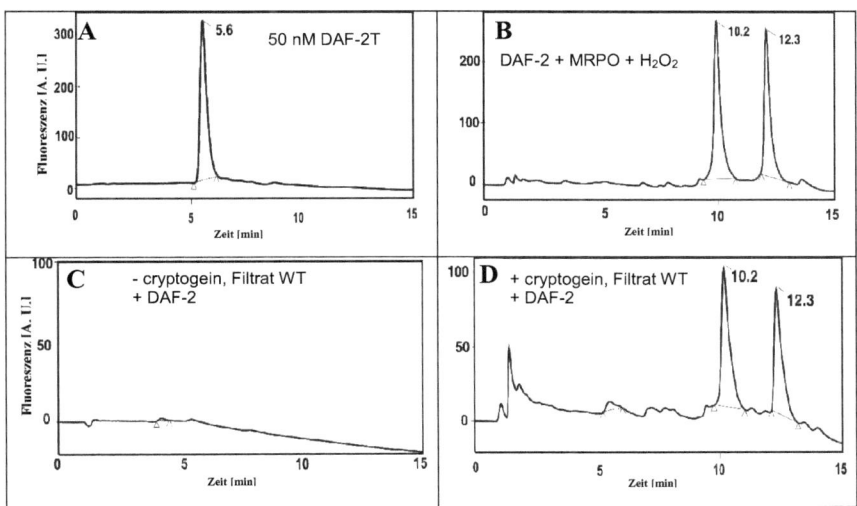

Abb. 24: HPLC-Chromatogramme von (A) 50 nM DAF-2T (in LS-Mangel-Medium), (B) *In vitro*-Reaktionsansatz 0,5 µM DAF-2 + 10 mU MRPO + 50 µM H_2O_2, (C) Überstand von Suspensionszellen (Kontrolle) + 0,5 µM DAF-2 sowie (D) Filtrat von Cryptogein behandelten Suspensionszellen + 0,5 µM DAF-2.

2.4 Vergleich der Reaktionen verschiedener NO-Fluoreszenzindikatoren

Weitere häufig in Zusammenhang mit der NO-Visualisierung verwendete Fluoreszenzfarbstoffe sind das mit DAF-2 verwandte DAF-FM sowie das Rhodamin-Derivat DAR-4M. Auch diese beiden wurden mit dem Filtrat von elicitierten Suspensionszellen versetzt sowie *in vitro* mit MRPO+H_2O_2 getestet.

Dabei wurde gleichzeitig auch die Spezifität der drei Fluoreszenzfarbstoffe sowohl gegenüber NO als auch gegenüber MRPO+H_2O_2 ermittelt. Hierzu wurden DAF-FM, DAF-2 und DAR-4M im gleichen Einsatz *in vitro* mit dem NO-Donor DEA-NO und dem Ansatz MRPO+H_2O_2 getestet.

Ergebnisse

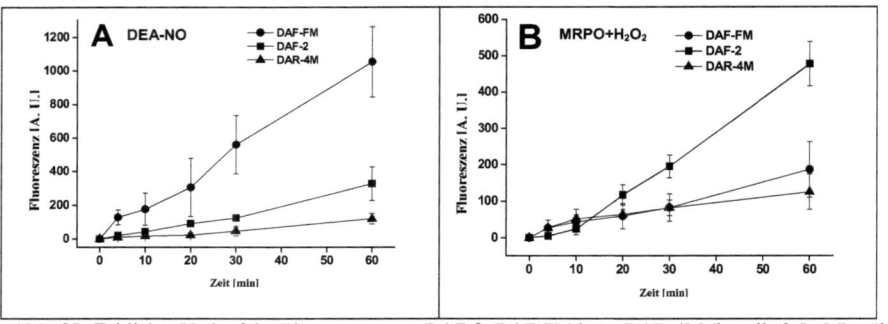

Abb. 25: Zeitlicher Verlauf der Fluoreszenz von DAF-2, DAF-FM bzw. DAR-4M (jeweils 0,5 µM) während der Reaktion mit 200 µM des NO-Donors DEA-NO (A) und mit MRPO+H_2O_2 (B).

DAF-FM erwies sich dabei als sehr sensitiv gegenüber DEA-NO mit einem fast linearen Fluoreszenzanstieg über eine Stunde (Abb. 25 A). Am Versuchsende (1 h) war die auf NO beruhende Fluoreszenz etwas doppelt so hoch wie die mit MRPO+H_2O_2. Mit DAF-FM bzw. DAR-4M wurde mit beiden Systemen ein etwa gleiches Fluoreszenz-Niveau erreicht. Somit ist DAF-FM wesentlich besser für eine einigermaßen selektive NO-Messung geeigneter als die beiden anderen Indikatoren. Es sei hier noch darauf hingewiesen, dass bei Begasung mit NO praktisch kein Fluoreszenzanstieg mit DAF-2 oder DAF-FM stattfand (Abb. 18 A), auf Grund dessen kurzer Halbwertszeit (siehe D 1.4) wohl aber mit DEA-NO.

Die Reaktionsprodukte aus DAF-FM und DAR-4M wurden mittels HPLC und dem identischen Gradienten wie bei DAF-2 aufgetrennt.

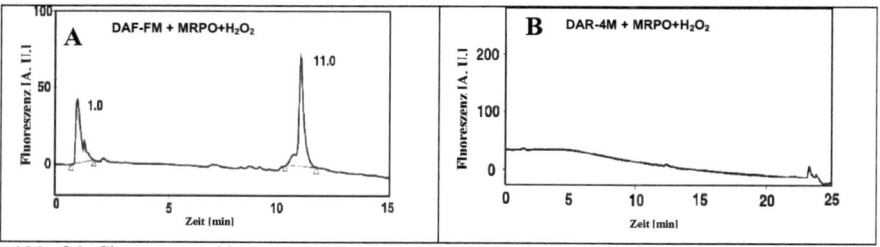

Abb. 26: Chromatographische Auftrennung der Reaktionsprodukte aus der Reaktion von MRPO+H_2O_2 mit jeweils 0,5 µM DAF-FM (A) bzw. DAR-4M (B).

Bei DAF-FM konnte nur eine der beiden neuen Komponenten (RZ=11 min) detektiert werden, während bei RZ=9 – 10 min entweder gar kein oder nur ein sehr schwaches Signal festzustellen war. Zusätzlich trat eine sehr früh eluierende, hydrophile Komponente bei RZ=1 min auf (Abb. 26). Im Falle von DAR-4M konnte keinerlei Ausschlag innerhalb des applizierten Gradienten und der gemessenen Retentionszeiten festgestellt werden. Entweder war die am Fluorimeter gemessene

Fluoreszenz aus den Reaktionsprodukten zu schwach um eine weitere Auftrennung mittels HPLC durchführen zu können oder die Produkte waren so lipophil, dass sie nicht im benutzten Zeitfenster detektiert werden konnten.

Um zu zeigen, dass die beiden DAF-Farbstoffe sehr wohl auch mit NO reagieren, wurden diese *in vitro* mit den NO-Donor DEA-NO umgesetzt und die Produkte chromatographisch aufgetrennt (Abb. 27) Im Fall von DAF-2 konnte das Produkt (RZ=5,8 min) klar DAF-2T zugeordnet werden; bei DAF-FM entstand ein später eluierendes Produkt (RZ=8,0 min), für das aber keine käufliche Referenz zur Verfügung stand.

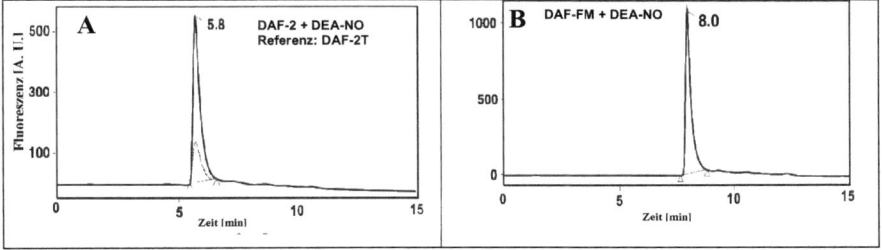

Abb. 27: Chromatographische Auftrennung der Reaktionsprodukte von DEA-NO (100 µM) mit DAF-2 bzw. DAF-FM (0,5 µM).

2.5 Einfluss von Peroxidase auf die NO-abhängige DAF-Fluoreszenz

Um zu klären, ob es mögliche Interferenzen zwischen der NO-abhängigen und der NO-unabhängigen Fluoreszenz gibt, wurden verschiedene *In-vitro*-Versuche durchgeführt, bei denen Kombinationen aus MRPO, H_2O_2, DAF-2 und dem NO-Donor DEA-NO zum Einsatz kamen.

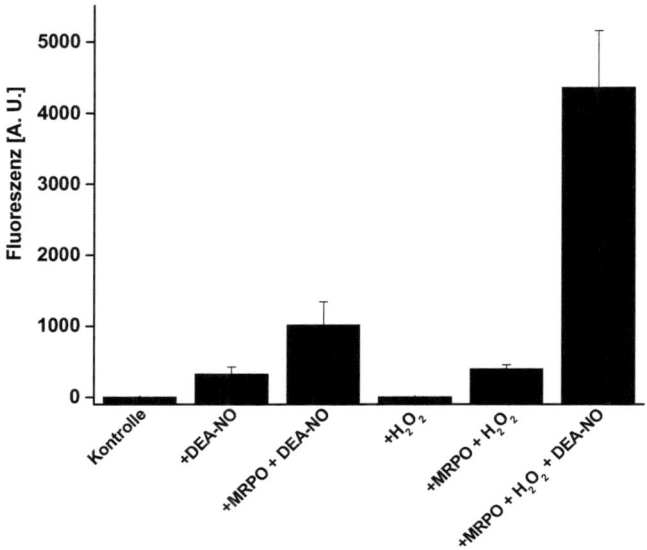

Abb. 28: Zeitlicher Verlauf der Fluoreszenz nach Zugabe der angegebenen Stoffe zu einer Lösung von 0,5 µM DAF-2 in LS-Mangelmedium. (n = 5)

Die höchste Fluoreszenz überhaupt ergab sich bei der Kombination MRPO+H_2O_2+DEA-NO+DAF-2. Diese war wesentlich höher als die Summe der Einzelfluoreszenzen aus MRPO+H_2O_2+DAF-2 und MRPO+DEA-NO+DAF-2. Im entsprechenden HPLC-Chromatogramm konnte sowohl ein DAF-2T-Peak als auch die beiden anderen Substanzen bei RZ=10 und 12 min aufgetrennt werden, wobei der DAF-2T-Peak von der Fläche her die beiden anderen deutlich überwog (Abb. 29).

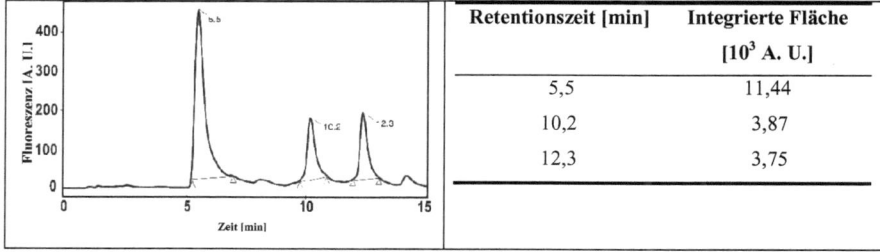

Retentionszeit [min]	Integrierte Fläche [10^3 A. U.]
5,5	11,44
10,2	3,87
12,3	3,75

Abb. 29: HPLC-Auftrennung der Produkte aus der Reaktion 0.1 U/mL MRPO + 50 µM H_2O_2 + 45 µM DEA-NO + 0,5 µM DAF-2 (Reaktionszeit 1 Stunde). In der Tabelle sind die integrierten Flächen unter dem Graphen an der jeweiligen Retentionszeit angegeben.

Im Rahmen der weiteren Charakterisierung der Reaktion wurde *in* vitro die Konzentrationsabhängigkeit vom Substrat (H_2O_2) sowie der MRPO-Aktivität ermittelt.

Ergebnisse

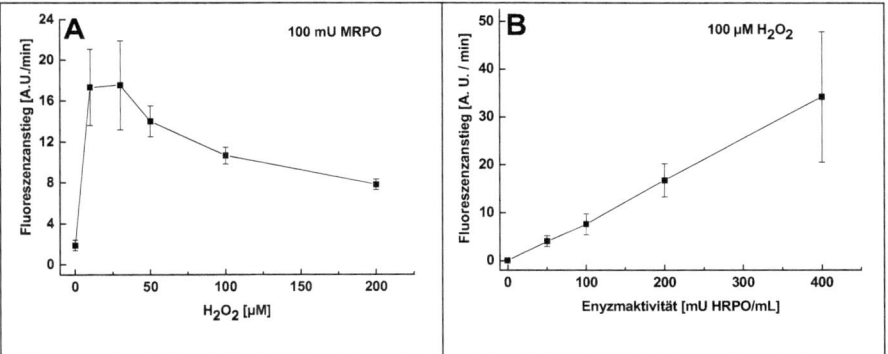

Abb. 30: Fluoreszenzentwicklung pro Minute bei gegebener MRPO-Aktivität und variabler H_2O_2-Konzentrationen (A) bzw. gegebener H_2O_2-Konzentration und variabler MRPO-Aktivität (B) in Gegenwart von 0,5 µM DAF-2. Die Werte geben Durchschnittswerte aus drei Messungen nach einer Stunde Reaktionszeit an.

Abb. 30 A zeigt, dass die Fluoreszenz pro Minute mit zunehmender Substrat (=H_2O_2)-Konzentration zunächst steil anstieg und bei höherer H_2O_2-Konzentration wieder absank. Die höchste Umsetzungsgeschwindigkeit (ausgedrückt als Fluoreszenzanstieg pro Minute) lag bei ca. 30 µM H_2O_2. Im zweiten Fall (Abb. 30 B) dagegen stieg die Reaktionsgeschwindigkeit mit zunehmender Enzymmenge praktisch linear an.

2.6 Einfluss des NO-Scavengers cPTIO

cPTIO wird in Zusammenhang mit der DAF-Fluoreszenz vielfach eingesetzt, um zu prüfen, ob NO bei biologischen Prozessen eine Rolle spielt. Wird z. B. cPTIO zugegeben und es findet keine DAF-Fluoreszenz oder keine physiologische Reaktion mehr statt, so wird dies als Indiz dafür gewertet, dass NO die Fluoreszenz verursachte und dass es an dieser Reaktion beteiligt war. Es stellt sich nun natürlich die Frage, ob cPTIO evtl. auch ROS-abhängige (und damit NO-unabhängige) DAF-Fluoreszenz aus MRPO+H_2O_2 beeinflussen würde.

Hierzu wurden Suspensionszellen mit Cryptogein entweder direkt in Gegenwart von cPTIO inkubiert oder cPTIO wurde erst zu dem mit DAF-2 versetzten Filtrat gegeben. Im ersteren Fall ergab sich eine deutliche Reduzierung der Fluoreszenz auf ca. ein Drittel im Vergleich zur Kontrolle, während bei der Zugabe des Radikalfängers zusammen mit DAF-2 zum Filtrat praktisch nicht verhindert wurde (Tab. 7). Möglicherweise reagiert also cPTIO nicht nur mit NO (Akaike & Maeda, 1996), sondern auch mit ROS. Messungen der H_2O_2-Konzentration im Filtrat von mit Cryptogein+cPTIO behandelten Zellen bestätigten dies dahingehend, dass in Anwesenheit von cPTIO weniger als die Hälfte der H_2O_2-Menge als ohne cPTIO entstand (Abb. 20).

Weiterhin wurde der Einfluss von cPTIO auf die Reaktion MRPO+H_2O_2+DAF-2 (*in vitro*) untersucht. Erstaunlicherweise wurde hier eine starke Beschleunigung der Reaktion festgestellt, die bei der gleichzeitigen Zugabe von cPTIO und DAF zum Überstand gelegentlich auch auftrat. Derselbe Effekt trat bei der Durchleitung von 5 ppm NO durch LS-Mangelmedium, das mit DAF-2 und cPTIO versetzt wurde, auf. Diese Erhöhung der Fluoreszenz durch cPTIO in Gegenwart von NO ist allerdings bekannt (Akaike & Maeda, 1996) und beruht auf der Bildung des DAF-reaktiven Reagenzes N_2O_3.

Tab. 7: Auswirkungen des NO-Scavengers cPTIO (100 µM) auf die DAF-Fluoreszenz. Auf Grund der starken Blaufärbung der cPTIO-Lösung erfolgte eine nachträgliche Korrektur der Fluoreszenz, hier um ca. 20 %.

	Fluoreszenz nach einer Stunde [A. U.]
a) Zellfiltrat von Cryptogein-behandelten Zellen	
+ DAF	672.5 ± 159.7
+ DAF, + cPTIO	666.0 ± 48.8
(Filltrat von Zellen+cPTIO) + DAF	201.7 ± 9.4
b) *In vitro*	
DAF + MRPO + H_2O_2	397.7 ± 54.8
DAF + MRPO + H_2O_2 + cPTIO	1133.5 ± 21.2
c) *In vitro*	
DAF + NO-gas	3.8 ± 0.7
DAF + NO-gas + cPTIO	220.2 ± 21.2

2.7 Fluoreszenz im Inneren von Suspensionszellen nach Aufladen mit DAF-2 DA

Die bisher beschriebenen Beobachtungen betrafen die DAF-2-Fluoreszenz im außerhalb von Zellen. Viel häufiger als extrazellulär werden DAF-Indikatoren aber zur intrazellulären Detektion von NO bzw. dessen Derivaten eingesetzt (Kojima et al., 1998, Nagana & Yoshimura, 2002). Im Folgenden sollte daher DAF-Fluoreszenz im Zellinneren nach Aufladung von Suspensionszellen mit den zellpermeierenden DAF-FM DA sowie DAF-2 DA verfolgt und charakterisiert werden (Foissner et al.,

2000). Auch hier sollte eine mögliche NO- bzw. ROS-Bildung wieder durch Cryptogein induziert werden.

Die Zellen wurden zunächst aufgeladen und wie in den oben beschriebenen Versuchen zur DAF-Fluoreszenz in Zellfiltraten inkubiert. Für die weiteren Untersuchungen wurden die Zellen mit flüssigem Stickstoff aufgebrochen, aufgetaut und zentrifugiert. Von den so erhaltenen Extrakten (sowie den beim Zentrifugieren erhaltenen Überständen) wurde die Fluoreszenz gemessen. Anschließend wurden die Extrakte mittels HPLC aufgetrennt. Zusätzlich wurde, wie überwiegend in der Literatur beschrieben, die Fluoreszenz innerhalb der intakten Zellen auch mit dem Laserscanningmikroskop (LSM) untersucht.

Neben dem pilzlichen Elicitor Cryptogein wurde noch der NO-Donor DEA-NO als Positivkontrolle sowie Wasserstoffperoxid auf die Suspensionszellen appliziert. H_2O_2 sollte als Induktor für die NO-Produktion fungieren (Lum et al., 2002) oder es könnte selbst auch ohne NO – wie zuvor in den Zellfiltraten – Fluoreszenz verursachen.

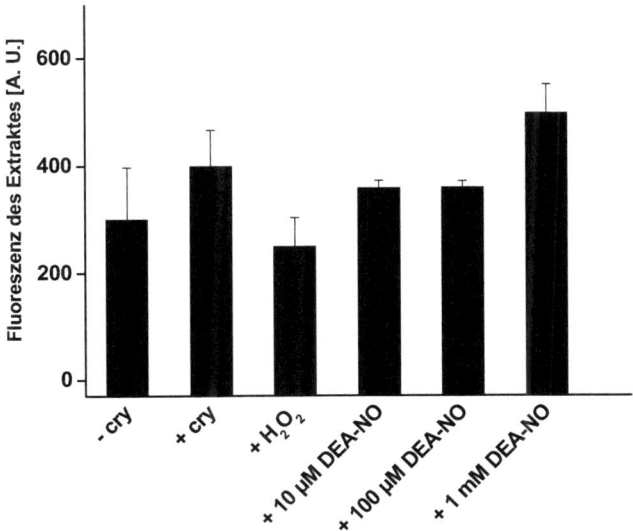

Abb. 31: Fluoreszenz im Extrakt von mit DAF-2 DA (5 mM) aufgeladenen und mit den angegebenen Substanzen für zwei Stunden inkubierten Tabaksuspensionszellen (n = 3 – 6). Der Extrakt wurde nach dem Aufbrechen der Zellen zentrifugiert und fluorimetrisch gemessen.

Auffallend im Vergleich zu Fluoreszenz von Zellfiltraten ist hier zunächst die hohe Hintergrund-Fluoreszenz im Extrakt der Kontrollzellen. Cryptogein verursachte einen kleinen Anstieg der Fluo-

_____Ergebnisse

reszenz. H_2O_2 hatte im Durchschnitt dagegen keinen messbaren Effekt auf die Fluoreszenz der Extrakte (Abb. 31).

Der NO-Donor DEA-NO wurde den aufgeladenen Zellen als Positivkontrolle appliziert. Bei niedrigen DEA-Konzentrationen war der Effekt auf die Fluoreszenz der Zellextrakte vernachlässigbar. Nur bei unphysiologisch hohen Konzentrationen von 1 mM stieg die Fluoreszenz des Extrakts etwa auf beinahe das Doppelte.

Da bei einer fluorimetrischen Messung der gesamten Zellsuspension nach der Inkubation bereits teilweise hohe Werte erreicht wurden (nicht gezeigt), wurde die Fluoreszenz gesondert in den vor dem ersten Waschen der Zellen aufgefangenen Filtrate gemessen.

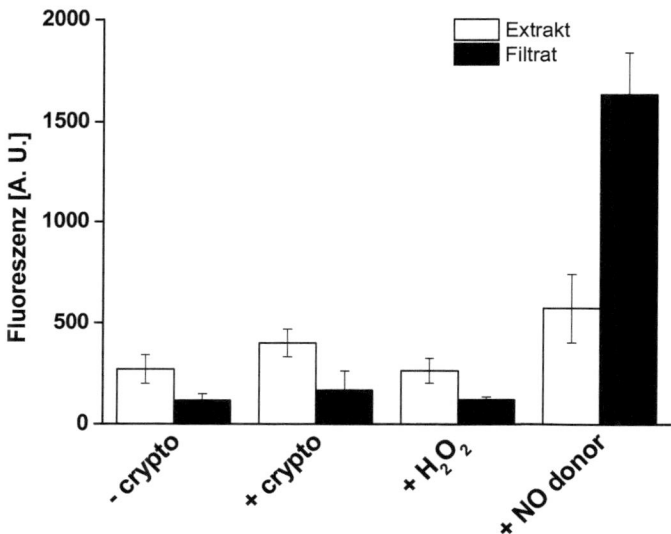

Abb. 32: Vergleich der im Zellextrakt und Filtrat von mit DAF-2 DA aufgeladenen Tabak-Suspensionszellen gemessenen Fluoreszenz (n = 5 – 7) nach Inkubation mit Cryptogein, H_2O_2 bzw. 1 mM DEA-NO. Die Fluoreszenz des Extraktes wurde auf das Volumen des Filtrats hochgerechnet.

Unter den meisten Bedingungen war die Fluoreszenz der Extrakte höher als die der Filtrate. Dies entspricht den Erwartungen, wenn man davon ausgeht, dass DAF-2 DA nach Hydrolyse der Acetat-Reste größtenteils im Zellinneren verbleibt. Lediglich bei Zugabe von DEA-NO stieg die Fluoreszenz im Filtrat stark an. Offensichtlich sind die Zellen für irgendeine Art von fluoreszierenden Produkten oder Edukten permeabel. Im Fall der NO-Donor-Behandlung sollte das fluoreszierende Produkt weitgehend aus dem Triazol bestehen. Dies sollte später mittels HPLC-Analysen näher untersucht werden.

Ergebnisse

Zunächst wurde die Fluoreszenz der DAF-2 DA-aufgeladenen und elicitierten Tabaksuspensionszellen allerdings mit Hilfe des Laser-Scanning-Mikroskops (LSM) untersucht, da dies die bei weitem häufigste Anwendungsart für fluoreszierende NO-Indikatoren ist. Dabei wurden die Empfindlichkeiten so eingestellt, dass bei den nicht mit Elicitor behandelten Suspensionszellen die Fluoreszenz gerade noch sichtbar war. Mit den gleichen Geräteeinstellungen wurden nun die mit Cryptogein bzw. H_2O_2 behandelten Zellen untersucht.

Dabei ergab sich meist eine Steigerung der Fluoreszenzintensität nach der Behandlung mit Cryptogein und eine deutlich weniger starke Fluoreszenz mit H_2O_2. Allerdings war die Variabilität dieser Ergebnisse zwischen verschiedenen Präparationen (=Zellkulturen) sowie verschiedenen Tabakvarietäten hoch. Insgesamt muss LSM-Fluoreszenz-Messungen mit DAF-2 DA daher ein hohes Maß an „subjektiver Selektionsproblematik" bescheinigt werden.

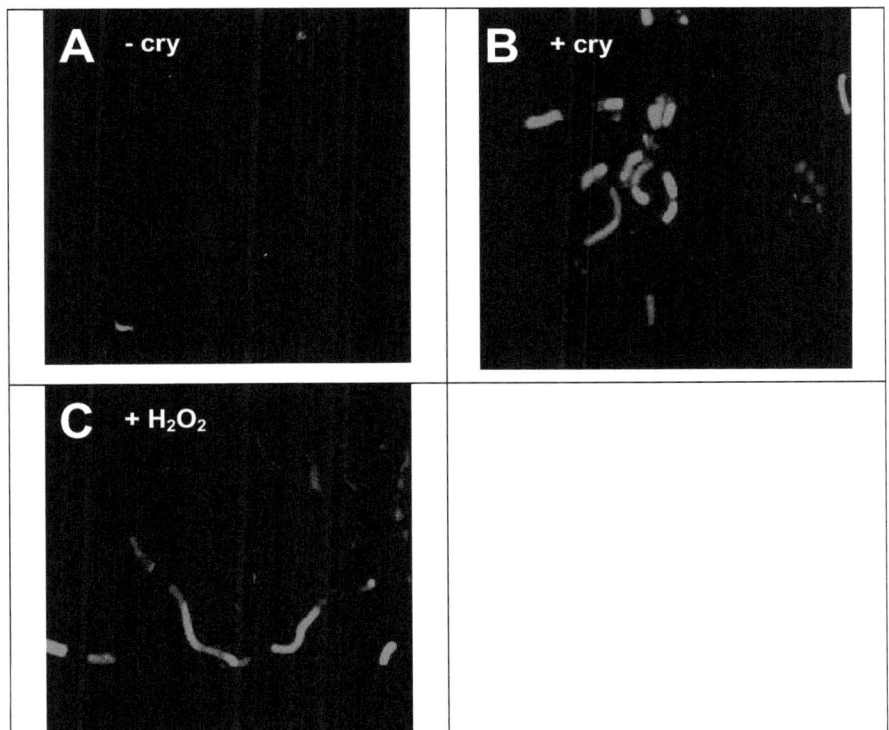

Abb. 33: Fluoreszenzmikroskopische Aufnahmen von mit DAF-2 DA aufgeladenen Suspensionszellen (*Nicotiana tabacum* var. Gatersleben) nach zweistündiger Behandlung mit Cryptogein bzw. H_2O_2. Die gezeigten Bilder stehen repräsentativ für drei Parallelexperimente einer Präparation, in der die Behandlungseffekte deutlich waren.

Ergebnisse

2.8 Auftrennung und Charakterisierung der fluoreszierenden Produkte aus Zellen

2.8.1 Auftrennung der Produkte nach Aufladen mit DAF-2 DA

Wie oben beschrieben, waren in den Zellfiltraten mittels HPLC zwei markante fluoreszierende Produkte mit RZ=10 und 12 min nachweisbar. Nun wurden mit DAF-2 DA aufgeladene Zellen durch kurzes Gefrieren und Auftauen (siehe Material und Methoden) extrahiert und nach Erhitzen und Zentrifugieren derselben HPLC-Analyse unterzogen wie die Filtrate zuvor.

Es zeigt sich, dass die hohe Grundfluoreszenz der unbehandelten Kontrollzellen auf eine nicht klar trennbare Gruppe von sehr früh eluierenden (und damit hydrophilen) DAF-Derivaten (RZ=ca. 2 min; Abb. 34 A) zurückzuführen ist. Höhe und Fläche dieser Peakgruppe blieb im Wesentlichen auch bei der Behandlung mit Cryptogein gleich. Dafür tauchte im Chromatogramm ein neues, bisher unbekanntes DAF-Produkt mit der RZ=8,0 min auf (Abb. 34 B). Eine weitere Substanz coeluierte mit authentischem DAF-2T (RZ=5,7 min); diese trägt allerdings nur einen sehr geringen Teil zur Fluoreszenz der Extrakte bei.

Um evtl. die Bildung von DAF-2T im Zellinneren (= im Extrakt) hervorzurufen, wurde wieder der NO-Donor DEA-NO auf Suspensionszellen appliziert. Selbst wenn DEA-NO an sich nicht membrangängig sein sollte, müsste zumindest das entstehende NO in die Zellen permeieren. Im Extrakt fand sich allerdings auch in diesem Fall als größter Peak die Substanz mit der RZ=8.0 min (Abb. 34 E).

Bei externer Applikation von H_2O_2, das nach Lum et al. (2002) die Emission von NO hervorrufen soll, wurden keine Spuren von DAF-2T im Chromatogramm entdeckt. Dagegen wurde spezifisch ein Peak in der Gruppe der hydrophilen Verbindungen stark erhöht (Abb. 34 C), während die Kurvenflächen insgesamt im Wesentlichen konstant blieben.

Grundsätzlich schien es denkbar, dass als Reaktion auf Cryptogein in den Zellen Substanzen oder Enzyme gebildet werden, die mit NO reagieren. Erst die Produkte dieser Reaktion könnten dann mit DAF-2 unter Bildung hoch fluoreszierender Derivate reagieren. Zur Prüfung dieser Hypothese wurden Cryptogein und DEA-NO zusammen auf DAF-2 DA aufgeladene Tabak-Suspensionszellen appliziert. Bei der HPLC-Analyse dieser Extrakte wurde allerdings wieder kein Triazol detektiert, sondern ein stark erhöhtes Auftreten des neuen DAF-Produkts mit RZ=8.0 min (Abb. 34 E)

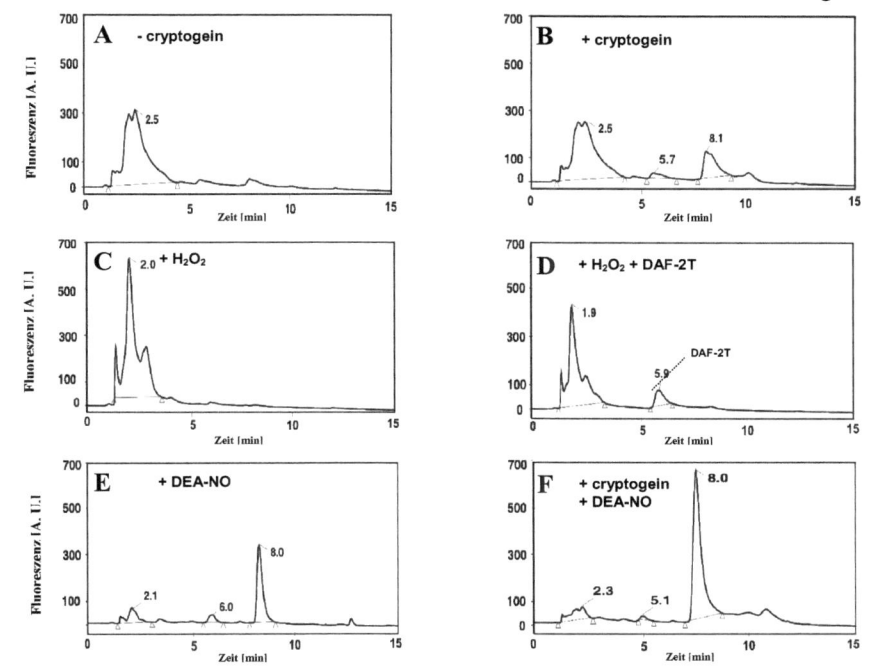

Behandlung	Retentionszeit [min]	Integrierte Fläche [10^3 A. U.]
- Cryptogein	2.5	22,524
+ Cryptogein	2.5	19,324
	5.7	23
	8.1	4,653
+ H_2O_2	2.0	25,427
+ DEA-NO	2.1	2,311
	6.0	817
	8.0	6,553
+ Cryptogein + DEA-NO	2.3	2,849
	5.1	338
	8.0	17,840

Abb. 34: Chromatographische Auftrennung der Extrakte von DAF-2 DA-aufgeladenen Tabaksuspensionszellen nach Inkubation (A) ohne Cryptogein, (B) mit 50 nM Cryptogein, (C) 1 mM H_2O_2, (E) 2 mM DEA-NO, (F) 50 nM Cryptogein+2 mM DEA-NO. In (D) wurde dem Extrakt als interner Standard noch 50 nM DAF-2T zugesetzt. Die Tabelle zeigt die Flächen der mit den Retentionszeiten gekennzeichneten Ausschläge (zwischen den kleinen Dreiecken) im Chromatogramm.

_____Ergebnisse

2.8.2 Auftrennung der Produkte nach Aufladen mit DAF-FM DA

Da aus den beschriebenen *In-vitro*-Versuchen bekannt war, dass DAF-FM die höchste Affinität zu NO besitzt, wurde mit dem zellpermeierenden DAF-FM DA noch untersucht, ob evtl. auch NO-abhängige Reaktionsprodukte in den Extrakten durch Fluoreszenz nachgewiesen werden konnten.

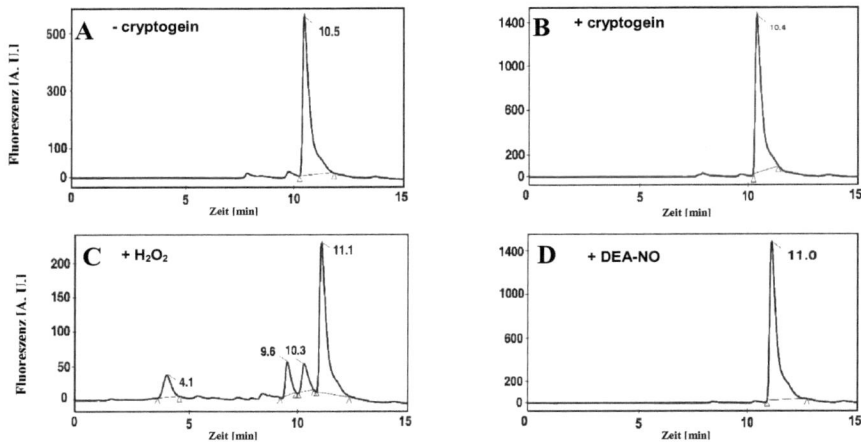

Behandlung	Retentionszeit [min]	Integrierte Fläche [10^3 A. U.]
- Cryptogein	10,5	12 733
+ Cryptogein	10,4	30 513
+ H_2O_2	4,1	827
	9,6	821
	10,3	793
	11,1	5 019
+ DEA-NO	11,0	34 655

Abb. 35: HPLC-Chromatogramme der Extrakte von mit DAF-FM DA aufgeladenen Suspensionszellen *Nicotiana tabacum* var. Gatersleben nach zweistündiger Behandlung ohne Cryptogein (A), mit Cryptogein (B), mit 1 mM H_2O_2 (C) bzw. 2 mM DEA-NO (D). In der Tabelle sind die Flächen des Graphen (zwischen den kleinen Dreiecken) unter dem jeweiligen peak in 10^3 relativen Einheiten (A. U.) angegeben. Beachte die unterschiedlichen Skalen der y-Achse.

In Ermangelung eines kommerziell erhältlichen Standards analog zu DAF-2T werden die Ergebnisse der *In-vitro*-Versuche (DEA-NO+DAF-FM) herangezogen. Das entsprechende NO-Reaktionsprodukt aus DAF-FM („DAF-FM-T") müsste also bei einer Retentionszeit von ca. 8,0 Min (Abb. 27 B) eluieren. Wie im Fall von DAF-2T ist in keinem der untersuchten Chromatogramme ein solches NO-Reaktionsprodukt zu erkennen. Ganz ähnlich wie bei DAF-2 nimmt dagegen im Falle der Behandlung mit Cryptogein die Peakfläche einer Substanz mit einer späteren RZ

(Abb. 35 B) zu. Dies ist auch im Fall der Behandlung mit dem NO-Donor DEA-NO der Fall (Abb. 35 D). Im Fall der Behandlung mit H_2O_2 ergibt sich ein recht diffuses Bild mit einer früh eluierenden Substanz (RZ=4,1 min) und zwei nahe am dominierenden Peak auftretenden Verbindungen (RZ=9,6 und 10,3 min).

2.9 Eine besondere Situation im Filtrat von mit DAF-2 DA aufgeladenen Suspensionszellen

In keinem der untersuchten Fälle (H_2O_2, Cryptogein, DEA-NO) konnten die Substanzen mit den Retentionszeiten 10 und 12 gefunden werden, die in den Zellfiltraten nach DAF-2-Zugabe entstanden. Auch das Reaktionsprodukt aus (oxidiertem) NO und DAF-2, i. e. DAF-2T konnte nur in Spuren, nie als Hauptprodukt in den Extrakten nachgewiesen werden.

Wie bereits oben erwähnt, wiesen die gesamten Zellsuspensionen (=Zellen + Medium) insbesondere im Fall von mit DEA-NO inkubierten Zellen hohe Fluoreszenzwerte im Vergleich zu Extrakten aus Zellen allein auf. In den Filtraten (=Medium, Zellüberstand) war die Fluoreszenz insbesondere bei DEA-NO-Behandlung hoch. Nach HPLC-Auftrennung der Filtrate von mit DEA-NO behandelten Zellen wurden sowohl mit DAF-FM DA wie auch mit DAF-2 DA fast ausschließlich das entsprechende Triazol im stark fluoreszierenden Filtrat detektiert (Abb. 36).

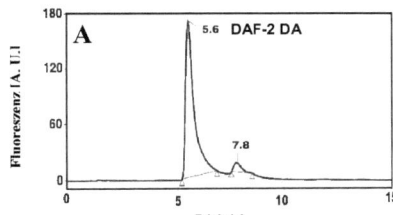 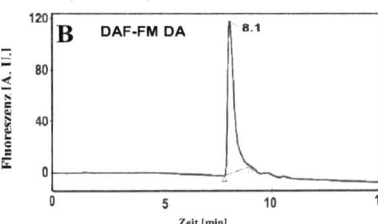

Abb. 36: HPLC-Chromatogramme der Filtrate von Zellen, die mit DAF-2 DA (A) bzw. DAF-FM DA (B) aufgeladenen und für 2 Stunden mit DEA-NO (200 µM) inkubiert wurden. Nach der Abtrennung vom Medium wurden die Filtrate per HPLC auf fluoreszierende Produkte untersucht.

Es bleibt momentan unklar, wie die Bildung des Triazols außerhalb der Zellen zustande kommt. Ausgehend von den Herstellerangaben (Axxora) ist nicht davon auszugehen, dass DAF-2 oder DAF-2T membrangängig sind. Selbst wenn nach dem Waschen der Zellen DAF-2 DA wieder ins Medium zurückdiffundieren würde, sollte ohne Hydrolyse zu DAF-2 nur sehr wenig Fluoreszenz entstehen, da DAF-2 DA *in vitro* keine Fluoreszenz-Erhöhung mit PO+H_2O_2 bzw. NO-Donoren ergab (nicht gezeigt).

2.10 Weitere Versuche zur Bildung fluoreszierender Produkte in einem *In-vitro*-System

Um weitere Einblicke in die mögliche (oxidative?) Bildung der bisher unbekannten DAF-Derivate zu erhalten wurde ein „*In-vitro*-System" kreiert. Als Quelle für Superoxid-Anionen diente Xanthinoxidase (XOD) mit dem Substrat Xanthin. In einem weiteren Ansatz wurde das Enzym SOD eingesetzt, welches Superoxid zu H_2O_2 dismutiert. Letzteres könnte mit vorhandener Peroxidase und DAF-2 ebenfalls zu fluoreszierenden Produkten reagieren. Die folgenden Versuche verliefen letztendlich erfolglos und werden deshalb lediglich im Text beschrieben.

Weder mit niedrigen noch mit hohen Aktivitäten von XOD ergab sich bei der Reaktionsmischung XOD+Xanthin+MRPO+DAF-2 und gleich bleibender Xanthinkonzentration eine Fluoreszenzerhöhung. Es stellt sich heraus, dass das Reaktionsprodukt der superoxid-generierenden Reaktion, Harnsäure, ab Konzentrationen von 10 µM in der Lage war, die Reaktion MRPO+H_2O_2+DAF-2 signifikant zu hemmen. Versuche mit dem kompetitiven Hemmstoff Allopurinol, die Superoxid-Konzentration so niedrig wie möglich zu halten, brachten keine höhere DAF-Fluoreszenz (nicht gezeigt).

Als weitere Möglichkeit zur Produktion des Superoxid-Anions wurde die Elektronenübertragung von NADH auf molekularen Sauerstoff, eine Nebenreaktion der Nitratreduktase, überprüft (Barber & Kay, 1996). Auch hier konnte überraschenderweise keine Erhöhung der Fluoreszenz festgestellt werden. Diesmal konnte bereits bei der Untersuchung der Beeinflussung der Reaktion MRPO+H_2O_2+DAF-2 durch die Edukte eine Hemmung durch das Coenzym NADH festgestellt werden. Ab einer Konzentration von 10 µM NADH wurde die Fluoreszenz signifikant unterdrückt. Auch mit weiteren Reduktionsäquivalenten im reduzierten Zustand, i. e. $FADH_2$ und NADPH, konnte diese Hemmung festgestellt werden. Auch die *In-vitro*-Reaktion mit der höchsten Fluoreszenz MRPO+H_2O_2+DEA-NO+DAF-2 wurde gehemmt, insbesondere durch $FADH_2$ bereits ab einer Konzentration von 1 µM (nicht gezeigt).

Zwar stand reines Kaliumsuperoxid zur Verfügung, dieses konnte allerdings wegen seiner explosionsartigen Reaktion nicht in wässriger Lösung angewandt werden.

Auf Grund der beschriebenen Schwierigkeiten konnte somit keine befriedigende „*In-vitro*-Simulation" zur Bildung fluoreszierender DAF-Derivate erreicht werden.

2.11 Erste Hinweise, dass bei der Reaktion von Peroxidase, H_2O_2 und DAF-2 eine DAF-Dimerisierung stattfindet

Nachdem nun zweifelsfrei nachgewiesen war, dass DAF-Fluoreszenz auch ganz ohne NO erzeugt werden kann, stellte sich zwangsläufig die Frage nach der chemischen Natur der neuen fluoreszierenden DAF-Derivate. Es waren ja offensichtlich zwei Verbindungen, die *in vitro* bei der Reaktion MRPO+H_2O_2+DAF-2 entstanden sind.

Hierzu liegen bis jetzt vorläufige Daten aus einer massenspektrometrischen Untersuchung der DAF-Derivate vor. Diese Untersuchungen wurden freundlicherweise von Frau Dr. Agnes Fekete vom Lehrstuhl für Pharmazeutische Biologie durchgeführt. Sie werden mit ihrer Erlaubnis aus Vollständigkeitsgründen hier dargestellt.

Es wurde *in vitro* (MRPO+H_2O_2+DAF-2) eine sehr hohe Konzentration von DAF-2 (25 µM) eingesetzt und eine lange Reaktionszeit (12 h) gewählt, um eine hohe Ausbeute an fluoreszierenden Produkten zu erhalten. Das Fortschreiten der Reaktion (=Verbrauch von DAF-2T und Entstehung der neuen fluoreszierenden Produkte) konnte zunächst mittels Spektralphotometrie verfolgt werden (Abb. 37). Hierbei zeigte sich auch wieder die „Neuheit" der entstandenen DAF-Derivate im Vergleich zu DAF-2T, da der Absorptionspeak bei 492 nm mit der Zeit durch DAF-2-Verbrauch abnimmt, während er in DAF-2T vorhanden ist.

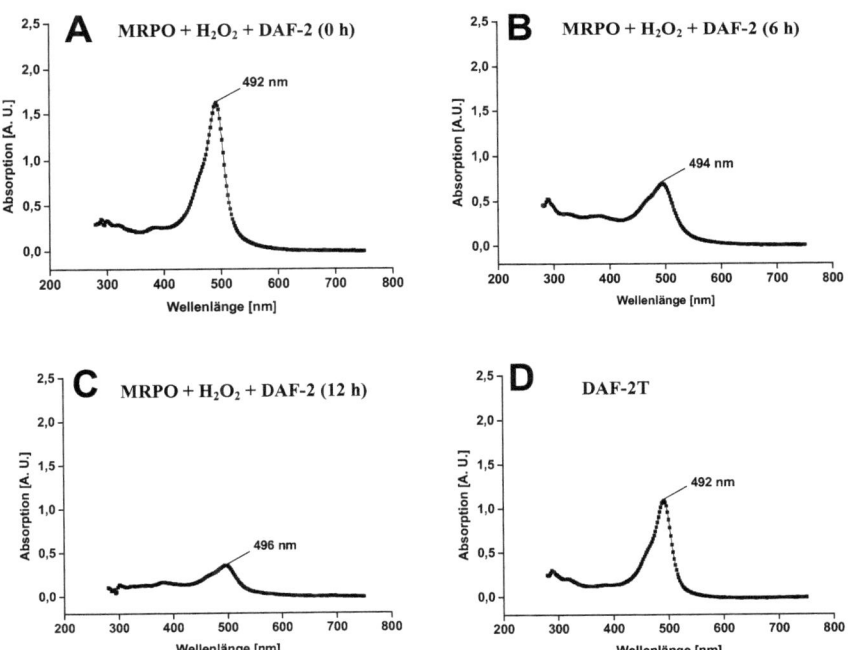

Abb. 37: Absorptionsspektren einer Lösung aus MRPO (0,1 U /ml), H_2O_2 (50 µM) und DAF-2 (25 µM) zu verschiedenen Reaktionszeiten (A – C) sowie von DAF-2T (25 µM; D) jeweils in LS-Mangelmedium.

_____Ergebnisse

Zu Beginn und zum Ende der Reaktion wurden Proben mittels Ultra Performance Liquid Chromatography (UPLC) und anschließender Time-of-flight Massenspektrometrie (TOF-MS) untersucht. Die entsprechenden totalen Ionenchromatogramme, die das Auftreten von allen erzeugten Ionen bei einer gegeben Retentionszeit zu Beginn und zu Ende der Reaktion zeigen, unterschieden sich im Wesentlichen in einem Peak bei der RZ=4,1 min (Abb. 38 A). Das entsprechende Massenspektrum bei dieser Retentionszeit ergab zwei Peaks bei dem Masse/Ladungsverhältnis-Koeffizienten von 361,0804 sowie 721,1579 (Abb.38 C). Die Häufigkeit des letzteren Peaks im extrahierten Ionenchromatogramm, das die Häufigkeit genau dieses Ions in der Gesamtpopulation der Ionen während des Probendurchlaufs anzeigt, verdoppelte sich fast während des Verlaufs der Reaktion.

In Abb. 38 sind die errechneten empirischen Formeln der Verbindungen bei den m/z-Verhältnissen angegeben. Danach würde es sich bei den Verbindungen mit m/z-Verhältnis 361,0804 bzw. 721,1579 um ein zweifach bzw. einfach negativ geladenes Ion. Für diesen Befund spricht außerdem das Fragmentierungsmuster mit Satellitenpeaks bei um 0,5 und 1,0 höheren m/z-Verhältnissen. DAF-2 weist eine molekulare Masse von 362,34 g/mol auf. Der Peak bei m/z= 721,1579 könnte somit ein Dimer aus zwei DAF-Molekülen darstellen.

Um nun eine Verknüpfung zu den beiden Verbindungen bei RZ=10 und 12 min in den HPLC-Chromatogrammen herstellen zu können, wurden weitere Vorversuche im Hinblick auf eine Fraktionierung und Charakterisierung dieser Substanzen durchgeführt. Eine massenspektrometrische Untersuchung scheiterte bisher allerdings an der zu geringen Substanzmenge. Hier sind weiterführende Experimente notwendig.

Ergebnisse

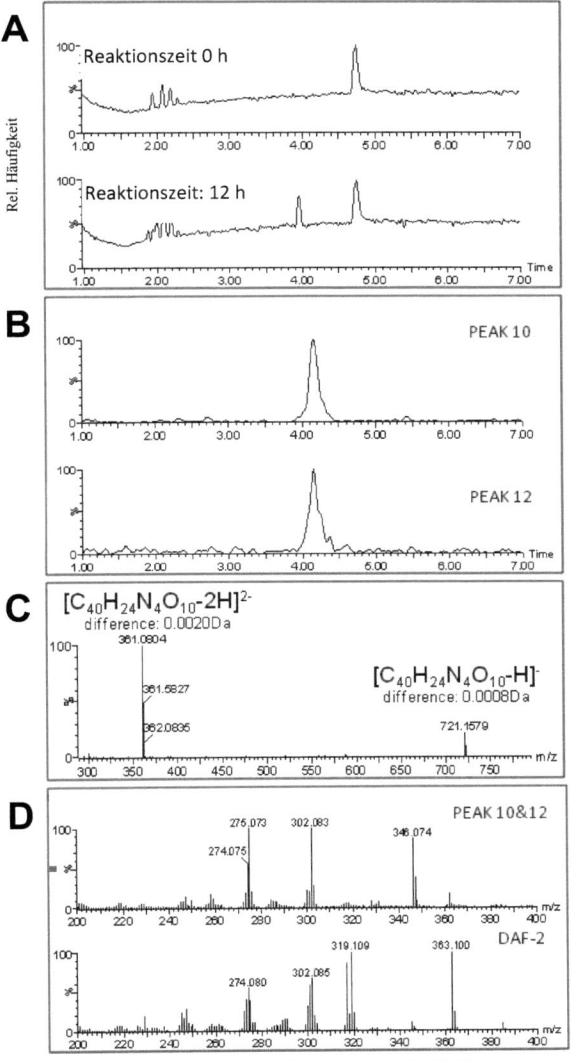

(Mit freundlicher Genehmigung durch Dr. Agnes Fekete, Lehrstuhl für Pharmazeutische Biologie)

Abb. 38: Massenspektrometrische Untersuchung des Produktes der *In-vitro*-Reaktion aus H_2O_2 (50 µM) + MRPO (0.1 U / mL) + DAF-2 (25 µM). A: Totales Ionenchromatogramm (Gesamtzahl der detektierten Ionen) der Produkte nach 0 bzw. 12 Stunden Reaktionszeit; B: Totales Ionenchromatogramm der fraktionierten Substanzen aus RZ=10 und 12 min; C: Massenspektrum bei 4,1 Minuten Retentionszeit mit den berechneten Summenformeln der auftretenden Molekülanionen; D: Massenspektrum der Substanzen bei RZ=10 und 12 sowie DAF-2.

C DISKUSSION

1. Die oxidative NO-Synthese aus Hydroxylamin in Pflanzen

Gesicherte Erkenntnisse über reduktive NO-Bildung in Pflanzen beruhten bisher fast ausschließlich auf Reduktionen ausgehend von Nitrit katalysiert durch Nitratreduktase oder über den mitochondrialen Elektronentransport. Starke Unsicherheit herrschte hinsichtlich der Existenz oxidativer Reaktionen zur Bildung von Stickstoffmonoxid. Man denke an die Kontroverse hinsichtlich der pflanzlichen NOS in den verschiedenen Varianten (siehe A 3.2.1).

1.1 Hydroxylamin und verwandte Substanzen als NO-Quelle in Pflanzen

Hydroxylamin rückte schon vor längerer Zeit in den Fokus der medizinischen Forschung, da z. B. die typische NO-abhängige Gefäßerweiterung auch von diesem Stoff hervorgerufen werden kann (DeMaster et al., 1989). Weitere NO-abhängige physiologische Vorgänge wie die Verminderung der Freisetzung von Insulin aus pankreatischen Zellen nach Gabe von Hydroxylamin wurden beobachtet (Antoine et al., 1996). Der beschriebene Einfluss von Hydroxylamin auf die Aktivität der Guanylatcyclase wird durch eine Oxidation zu Stickstoffmonoxid bewerkstelligt, aber nicht durch eine direkte Wirkung von HA (Craven et al., 1979). Seine Eigenschaft als NO-Donor (Ohta et al., 1997) ist gut untersucht.

In Form von Oximen, den Kondensationsprodukten mit Aldehyden und anderen Carbonylverbindungen und Zwischenprodukten bei der Konvertierung von Aminosäuren in sekundäre Pflanzenstoffe wie Glucosinolate, Nitrile oder cyanogene Glucoside kommt Hydroxylamin auch in höheren Pflanzen vor (Halkier et al., 1989).

Ausgehend von Untersuchungen der Nitritreduktion bei Grünalgen und Spinat wurde HA als Intermediat im Prozess der Reduktion von Nitrit zu Ammonium (Kuznetsova et al., 2004a, Kuznetsova et al., 2004b) bzw. als Substrat für die Nitritreduktase in Betracht (Hirasawa et al., 2010) gezogen. Auch in tierischen Zellen könnte Hydroxylamin als Zwischenprodukt der NOS-Reaktion während der Hydrolyse von N^G-hydroxy-L-Arginin zu Citrullin vorkommen (DeMaster et al., 1989)

Im globalen Stickstoffkreislauf (siehe A 1.3) tritt Hydroxylamin vor allem im bakteriellen Stoffwechsel im Gesamtprozess der Nitrifizierung, der Reduktion von Ammonium zu Nitrit auf. Es wird durch das membrangebundene Enzym Ammoniummonoxygenase (AMO) gebildet und durch die Hydroxylamin-Oxidoreduktase (HAO), ein cytosolisches Enzym, schließlich zu Nitrit umgewandelt (Details siehe Hooper et al., 1997).

Wir konnten zeigen, dass HA schon in einer Konzentration ab 4 µM sowie das HA-Derivat Salicylhydroxamsäure bis hinab zu 50 µM von Tabaksuspensionszellen zu NO oxidiert wird. Da diese

Reaktion nur in Anwesenheit von Zellen erfolgte, war eine enzymatische Katalyse anzunehmen. Auf Grund der *In-vitro*-Experimente kann man davon ausgehen, dass Superoxid-Dismutasen beteiligt sind (Tab. 4).

Die NO-Bildung durch HA-inkubierte Zellen war bei niedrigen HA-Konzentrationen zeitlich begrenzt, obwohl nur ein winziger Bruchteil des zugegebenen HA als gasförmiges NO aus der Suspension ausgetrieben wurde. Die Ergebnisse der *In-vitro*-Befunde (die aber nicht an Zellen überprüft wurden), legen nahe, dass der weitaus größte Teil des HA zu Nitrit und Nitrat (weiter)oxidiert wurde.

Die gefundene NO-Synthese aus HA bzw. SHAM war sauerstoffabhängig und konnte auf Reaktive Sauerstoffspezies (ROS) als Oxidationsmittel zurückgeführt werden. Cryptogein, ein potenter Elicitor, der auch die Produktion von ROS induziert, steigerte die Bildung von Stickstoffmonoxid, während der Komplex-III-Inhibitor Myxothiazol und das Schwermetall Cadmium nur geringe Effekte zeigten.

Mit Hilfe von parallelen *In-vitro*-Versuchen konnte Superoxid als der potentiell wichtigste Reaktionspartner ermittelt werden. Nach Zugabe von Xanthin und Xanthinoxidase (XOD), einem superoxid-generierenden System, zu einer HA-Lösung steigerte sich sowohl die direkte NO-Emission als auch die daraus resultierende Nitritmenge. Dagegen vermochte H_2O_2 nur eine geringe Steigerung zu bewirken.

Demgemäß müsste man erwarten, dass Zugabe von Superoxid-Dismutase (SOD), die Superoxid abbaut und H_2O_2 erzeugt, eine wesentliche Erniedrigung sowohl der NO-Emission als auch der Nitritbildung verursacht. Unerwarteterweise hatte SOD eine genau gegenteilige Wirkung. Im System mit Xanthin/XOD verdoppelt sich die NO-Emission und die gebildete Nitritmenge versiebenfacht sich. Zugabe von SOD alleine (also ohne Xanthin/XOD) zu einer HA-Lösung sorgt zwar für eine im Vergleich zur Kontrolle höhere NO-, aber keinerlei erhöhte Nitritbildung (Tab. 4). Einerseits scheint also Superoxid das hauptsächliche Oxidationsmittel für HA zu sein, doch spielt dabei auch SOD eine Rolle, die von ihrer normalen katalytischen Aktivität nicht erklärbar ist. Im beschriebenen *In-vitro*-System überraschte auch generell die Tatsache, dass zwei reaktionsfähige Radikale, Stickstoffmonoxid und das Superoxid-Anion, nebeneinander existieren können und sogar NO-Emission erlauben. Eigentlich sollte eine sofortige Reaktion zu Peroxynitrit erfolgen (siehe A 1.2). Möglicherweise spielt das Mengenverhältnis Superoxid : Stickstoffmonoxid eine Rolle. Der Effekt von SOD könnte sich dann in dem Sinne erklären lassen, dass das Enzym die Menge an Superoxid herunterreguliert, sodass die NO-Ausbeute steigt.

Für das HA-Derivat SHAM sind ähnliche Tendenzen hinsichtlich der Beeinflussung der Oxidation festzustellen, allerdings bei niedrigeren Raten als mit Hydroxylamin. SOD alleine im Vergleich zu

XOD + Xanthin sorgt allerdings für eine erhöhte NO-Emission. Eine Erklärung ist gegenwärtig nicht möglich.

Die Oxidation der Hydroxylamine konnte auch mittels der Fluoreszenzfarbstoffe DAF verfolgt werden. Auch hier ist der kooperative Effekt von ROS-produzierenden und –abbauenden Enzymen zu erkennen. Im Vorgriff auf die im zweiten Abschnitt gezeigte Unspezifität der Fluoreszenzfarbstoffe sei hier bereits erwähnt, dass in diesem Fall tatsächlich NO detektiert wurde.

Die beschriebenen Beobachtungen deuten auf eine wichtige Rolle des Enzyms SOD bei der NO-Bildung aus den Hydroxylaminen hin. Über die Mechanismen kann im Moment nur spekuliert werden. Offenbar findet keine unmittelbare Reaktion mit Hydroxylamin statt, möglicherweise greift SOD aber in den Mechanismus der Oxidationsreaktion ein.

Die SOD ist ein übergangsmetallhaltiges Enzym, dessen verschiedene Subtypen in verschiedenen Organellen der Pflanzenzelle vorkommen und auch in verschiedenen Zelltypen unterschiedlich stark exprimiert werden (Corpas et al., 2006). Die manganhaltige SOD kommt gehäuft in Mitochondrien vor, die eisenhaltige SOD in Chloroplasten sowie Peroxisomen und die kupfer-/zinkhaltige im Cytosol (Alscher et al., 2002).

Als Mechanismus wäre eine direkte Reaktion des Metallions im Enzym mit Hydroxylamin denkbar. Diese Hypothese konnte zumindest teilweise bestätigt werden: Aus einer HA-Lösung konnte bei Zusetzung von Kupfer(II)- und Eisen(II)-, nicht aber bei Zusatz von Zink(II)- und Mangan(II)-Salzlösungen eine signifikante NO-Emission beobachtet werden (nicht gezeigt). Im Falle von SHAM fand allerdings keinerlei NO-Emission statt.

Der genaue Reaktionsmechanismus, die an der HA-Oxidation beteiligten Enzyme sowie die genaue Quelle von HA, sind zu diesem Zeitpunkt noch unklar. In älterer Literatur ist eine direkte NO-Freisetzung aus HA durch die ebenfalls ROS-abbauende und metallhaltige Katalase beschrieben (Keilin & Nicholls, 1958). In unseren *In-vitro*-Versuchen wurde die NO-Freisetzung aus HA durch Katalase weder erhöht noch erniedrigt. Dies ist eine weitere Bestätigung dafür, dass Superoxid, nicht aber H_2O_2 das Hauptoxidationsmittel für HA ist.

In der Zelle ist die gleichzeitige Anwesenheit von ROS-produzierenden (Xanthin+XOD) und – detoxifizierenden Enzymen (SOD) unter Stressbedingungen durchaus sehr wahrscheinlich, sodass eine sehr komplexe Situation entsteht, die immer nur unzureichend durch *In-vitro*-Versuche abgebildet werden kann. Die laut Literatur beobachtete erhöhte NO-Emission durch Elicitoren könnte in Zusammenhang mit der beschriebenen Reaktion (Oxidation von HA durch NO) stehen. Hydroxylamine bzw. verwandte Substanzen spielen dabei evtl. als „schnelle NO-Quelle" eine Rolle.

Diskussion

1.2 Die Rolle der SOD bei der Bildung von DAF-reaktiven Substanzen aus NO

Ausgehend von der eher unerwarteten Steigerung der HA-Oxidation durch SOD bei der HA-Oxidation wurde auch eine mögliche direkte Reaktion des Enzyms mit NO in Betracht gezogen. Als zuverlässiges Reagenz zur NO-Visualisierung sollten noch die DAF-Farbstoffe überprüft werden. Bei SOD-Zugabe wurde die DAF-Fluoreszenz in Gegenwart von NO-Donoren erheblich gesteigert. Eine Erklärung wäre, dass NO durch SOD in ein DAF-reaktives Agenz umgesetzt wird. Eine Reaktion des Enzyms SOD mit NO zum Nitroxylanion und umgekehrt wurde beschrieben (Murphy & Sies, 1991). Dieser Effekt könnte auch für die bekannte Förderung der Bildung von NO aus L-Arginin bei der NOS-Reaktion durch SOD (Hobbs et al., 1994) verantwortlich sein. Beschrieben ist außerdem ein fördernder Einfluss von Cu-Zn-SOD auf den Zerfall von Nitrosothiolen, wobei zunächst eine Reduktion des Cu^{2+}-Zentralions zu Cu^+ als Mechanismus postuliert wird (Jourd'heuil et al., 1999). Cu^+ selbst würde nach dem folgenden Mechanismus (Gleichungen 24 + 25) für eine Spaltung der S-NO Bindung in den Nitrosothiolen sorgen (Singh et al., 1996).

(24) $GSNO + Cu^+ + H^+ \rightarrow GSH + NO + Cu^{2+}$
(25) $2\ GSH + 2\ Cu^{2+} \rightarrow GSSG + 2\ Cu^+ + 2\ H^+$

Ähnlich der Dismutierung (Komproportionierung) von H_2O_2 durch SOD wäre evtl. auch eine Reaktion mit NO denkbar, also einerseits eine Oxidation zu NO^+ und andererseits eine Reduktion zu NO^-. Eines der beiden könnte dann das DAF-reaktive Reagenz darstellen. Wegen der Notwendigkeit einer Oxidation bei der DAF-Fluoreszenz dürfte es sich wohl eher um NO^+ handeln. Andererseits wurde bei einer vergleichenden Überprüfung der Spezifität der NO-Donoren für Angeli's Salz (ein überwiegender NO^--Donor) die höchste Fluoreszenz ermittelt. Hier ist allerdings zu bedenken, dass bei diesen Stoffen immer eine komplexe Mischung aus verschiedenen NO-Derivaten entsteht.

1.3 Zusammenfassende Schlussfolgerungen zur Hydroxylamin-Oxidation

Die Freisetzung von NO aus Hydroxylamin und verwandten Substanzen konnte durch Messungen mittels Chemilumineszenz und DAF-Fluoreszenz bestätigt werden. Es scheint sicher, dass sowohl _in vitro_ als auch _in vivo_ ROS bei der Oxidation beteiligt sind. Die Rolle der SOD, die für eine erhöhte Freisetzung von NO aus HA sorgte, kann derzeit nicht ohne weiteres erklärt werden. Es konnte zwar gezeigt werden, dass das Enzym eine Steigerung der NO-abhängigen DAF-Fluoreszenz bewerkstelligt, aber ob dies wirklich die Ursache für die erhöhte NO-Emission bei der HA-Oxidation ist, bleibt unklar.

2. DAF-Fluoreszenz ohne Beteiligung von NO

Bei der Kombination von SOD, H_2O_2 und DAF-2 wurde eine erhöhte Fluoreszenz in Abwesenheit von jeglichem Stickstoffmonoxid oder sonstigen NO-Quellen beobachtet. Im zweiten Teil der Arbeit sollte ein möglicher physiologischer Hintergrund dieser Reaktion erörtert werden. Bereits in früheren Arbeiten (Planchet et al., 2006) ergaben sich bei der Elicitierung von Tabaksuspensionszellen widersprüchliche Ergebnisse bei der Messung von NO mittels DAF-Fluoreszenz und Chemilumineszenz, die zum damaligen Zeitpunkt aber nicht erklärt werden konnten.

2.1 Freisetzung von DAF-reaktiven Substanzen durch Tabaksuspensionszellen

Unsere Versuche haben gezeigt, dass im Filtrat von Cryptogein-behandelten Zellen hohe DAF-Fluoreszenz entsteht. Größenausschluss- sowie Gelfiltration ergaben, dass sowohl hochmolekulare als auch niedermolekulare Komponenten an der Fluoreszenzerzeugung beteiligt waren. Zugabe von Katalase bzw. von Antioxidantien zum Filtrat zusammen mit DAF-2 sorgten für eine komplette Auslöschung der Fluoreszenz, was auf eine Beteiligung von H_2O_2 an dieser Fluoreszenz schließen ließ.

Die Vermutung der Beteiligung einer enzymatischen Komponente an der Entstehung der DAF-Fluoreszenz wurde weiterhin dadurch bestätigt, dass KCN die Reaktion zumindest partiell hemmte, und auch dadurch, dass kurzes Erhitzen des Filtrates eine völlige Hemmung der Fluoreszenzerhöhung verursachte. Bei letzterer Behandlung wird allerdings auch H_2O_2 komplett abgebaut – die Schlussfolgerung kann deshalb zunächst nicht eindeutig aufgestellt werden.

An Hand von Enzym-Assays wurde schließlich verifiziert, dass sich in diesen „Überständen" zusätzlich zu ubiquitär in den Apoplasten sekretierter Peroxidase (auch in unbehandelten Zellen) noch H_2O_2 aus dem sog. „oxidative burst" befindet. Die Beteiligung von NO an der Entstehung dieser Fluoreszenz konnte durch Chemilumineszenzmessungen mit elicitierten Zellen (Planchet & Kaiser, 2006) sowie der Analyse der DAF-Reaktionsprodukte im Filtrat mittels Hochdruckflüssigkeits-Chromatographie (HPLC) ausgeschlossen werden.

Nach der gängigen Literatur sollte bei der Reaktion von DAF-2 mit NO ausschließlich das hochfluoreszierende DAF-Triazol (DAF-2T) entstehen. Bei der HPLC-Analyse dominierten im Überstand von mit Cryptogein elicitierten Zellen aber zwei eindeutig nicht mit DAF-2T eluierende Derivate, die evtl. Isomere eines Dimers von DAF-2 darstellen. Bei Anwendung des membrangängigen DAF-2 DA war dagegen im Extrakt die Bildung von ganz anderen, noch nicht näher charakterisierten DAF-Produkten festzustellen, die bei chromatographischer Auftrennung mit sehr verschiedenen Retentionszeiten eluieren und dementsprechend sehr unterschiedliche Polaritäten aufweisen. In allen diesen Fällen konnte allerdings entweder gar kein (Filtrat) oder nur sehr wenig DAF-2T (Zellextrakte) detektiert werden.

_____Diskussion

Wichtige Schlussfolgerung: DAF-2 Fluoreszenz ist also eindeutig ganz ohne NO möglich, und es gibt außer dem DAF-Triazol noch bisher unbekannte fluoreszierende DAF-2-Derivate die ohne NO, aber vermutlich unter Beteiligung von ROS sowie des Enzyms Peroxidase gebildet werden.

Bei Verwendung eines verwandten Fluoreszenzfarbstoffes (DAF-FM) ergab sich ein ähnliches Bild, wobei hier im Filtrat eines der Reaktionsprodukte (mit der höheren Retentionszeit) überwiegt und in den Extrakten mehr spät eluierende (hydrophilere) Komponenten auftauchen als bei DAF-2. Die Veränderungen der Peakhöhen der Substanzen in den Extrakten bei Behandlung der Zellen mit Cryptogein waren allerdings ähnlich. Obwohl DAF-FM im *In-vitro*-Experiment eine im Verhältnis zu ROS deutlich höhere Spezifität für NO aufwies als DAF-2, konnte auch damit nur eine sehr geringe Menge an NO-abhängiger Triazolbildung im Zellfiltrat festgestellt werden (Abb. 35). Auch dies bestätigt unsere obige Schlussfolgerung.

2.2 Verifizierung der NO-unabhängigen DAF-Fluoreszenz *in vitro*

An Hand der Ergebnisse aus der Reaktion des Überstandes der Suspensionszellen mit DAF-2 konnte *in vitro* ein sehr simples Reaktionssystem aus Meerrettichperoxidase (MRPO), H_2O_2 und DAF-2 etabliert werden, das der Situation im Filtrat der Zellen sehr nahekommt. Auch hier konnte die NO-unabhängige Fluoreszenz aufgezeigt werden, wobei dieselben Reaktionsprodukte mit den Retentionszeiten 10 und 12 entstehen. Insgesamt die höchsten Fluoreszenzen *in vitro* traten bei der kombinierten Reaktion von DEA-NO+MRPO+H_2O_2 mit DAF-2 auf. In diesem Fall konnte zusätzlich zu den zwei Produkten auch DAF-2T im Chromatogramm detektiert werden, was bereits auf zwei grundsätzlich verschiedene Möglichkeiten der Reaktion von DAF (NO-unabhängig sowie NO-abhängig) mit verschiedenen fluoreszierenden Produkten bei gleichen Fluoreszenzmessbedingungen hinweist.

Eine Steigerung der Grundfluoreszenz (MRPO+H_2O_2+DAF-2) wird alleine schon mit DEA-NO bewirkt, ein bereits von der SOD her bekanntes Phänomen. Möglicherweise wird dabei (mit SOD) eine Umwandlung von NO in eine DAF-reaktive Form katalysiert. Da die Reaktion auch in mit Helium vorbegaster Reaktionslösung zu beobachten war (nicht gezeigt), dürfte es sich nicht um eine Oxidation handeln, sondern eher wieder um eine Disproportionierung zu NO^+ bzw. NO^-.

Aus diesen Ergebnissen konnte geschlossen werden, dass die Bildung der fluoreszierenden Produkte enzymatische Reaktionen mit den beiden Substraten H_2O_2+DAF-2 bzw. NO+DAF-2 beinhalten. Die Substrate konkurrieren evtl. um das aktive Zentrum der Peroxidase, wobei die höhere Affinität zu NO besteht. Auf den genauen Reaktionsmechanismus, ob also evtl. eine Oxidation zu höheren N-Oxiden vorliegt, die dann mit DAF-2 reagieren, kann hieraus nicht geschlossen werden.

Eine genauere Analyse der chemischen Struktur der neuen DAF-Produkte in den Filtraten bzw. im *In-vitro*-System steht noch aus. Vorläufige massenspektrometrische Untersuchungen deuten auf die Bildung eines Dimers hin, das bei einer Oxidationsreaktion aus zwei DAF-Molekülen mit H_2O_2 unter Peroxidase-Katalyse entsteht. Abb. 39 zeigt mögliche Strukturformeln, bei denen über die beiden Aminogruppen eine Reaktion zu einem Sechsring-System stattgefunden hat.

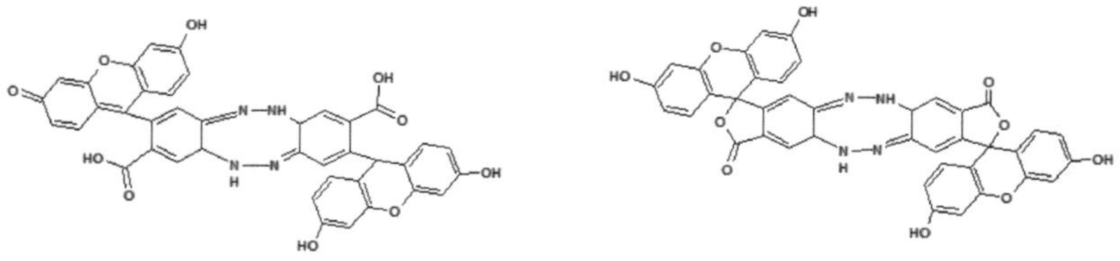

Abb. 39: Mögliche Strukturformeln der zwei isomeren Dimere, die bei der Reaktion von DAF-2 mit MRPO und H_2O_2 entstehen könnten. (Mit freundlicher Genehmigung von Dr. Agnes Fekete, Lehrstuhl für Pharmazeutische Biologie)

Die postulierte Strukturformel würde zu den gemessenen Retentionszeiten passen, die im lipophileren Bereich liegen. Durch die Reaktion an den endständigen Aminogruppen verschwinden diese hydrophilen (polaren) Molekülkomponenten von DAF-2, während das entstehende Aza-Ringsystem eher lipophil ist.

2.3 Einfluss von cPTIO auf die NO-unabhängige DAF-Fluoreszenz

Wie bereits erwähnt, wird in der Literatur zur Absicherung der mittels DAF-Fluoreszens erhaltenen Daten fast immer der NO-Radikalfänger cPTIO eingesetzt. Wird die DAF-Fluoreszenz durch cPTIO verhindert, so wird dies als Bestätigung für eine Beteiligung von NO gewertet.

Wir fanden bei Zugabe von cPTIO zum Überstand von elicitierten Zellen mit DAF-2 praktisch keine Wirkung. Die Fluoreszenzentwicklung bei der *In-vitro*-Reaktion wurde durch cPTIO sogar stark erhöht. Gleichzeitig zeigte der Test mit Amplex-Rot, dass cPTIO die H_2O_2-Menge im Filtrat von elicitierten Zellen fast halbierte. Dies könnte durch die Reaktion von membrangängigem cPTIO mit der H_2O_2-Vorstufe Superoxid im Inneren der Zelle erklärt werden (Goldstein et al., 2003). Haseloff et al. (1997) berichten sogar, dass die Ratenkonstante für diese Reaktion mit Superoxid 100fach höher ist als mit NO. Verminderung der blauen Färbung in Gegenwart der superoxid-produzierenden Komponenten Xanthin+Xanthinoxidase (XOD) deuteten ebenfalls darauf hin (nicht gezeigt). Hierzu passte auch eine erniedrigte Fluoreszenz des Filtrates, wenn cPTIO bereits bei der Inkubation der Zellen mit Cryptogein anwesend ist.

Möglicherweise hat cPTIO also insgesamt, wie auch schon im Fall von NO-begaster DAF-Lösung (Akaike & Maeda, 1996) einen eher fördernden Einfluss auf die Reaktion von DAF-2 mit PO und H_2O_2.

Wichtige Schlussfolgerung: DAF-Fluoreszenz kann nicht nur aus NO, sondern auch über ROS-Produktion entstehen (s. oben). Da aber cPTIO auch die ROS-Produktion hemmt, ist der Radikalfänger zur Absicherung von Ergebnissen, die auf DAF-Fluoreszenz (vor allem im LSM) basieren und damit zur Verifizierung einer NO-Beteiligung an physiologischen Prozessen, völlig ungeeignet.

Eine weitere interessante Beobachtung war, dass Zugabe von DAF-2 direkt zu elicitierten Zellen (also nicht erst zum Zellfiltrat!) nur eine geringe (bisweilen auch gar keine) Fluoreszenzerhöhung erzeugte. Die Ursache ist noch unklar. Wir spekulieren, dass Zellen DAF-2 bzw. seine Reaktionsprodukte abbauen oder dass Suspensionszellen direkt in die PO-katalysierte Reaktion von H_2O_2 mit DAF-2 eingreifen. Während allerdings DAF-2T tatsächlich durch Zellen abgebaut zu werden scheint, ist dies bei den per HPLC identifizierten DAF-Dimeren nicht der Fall – sie scheinen auch in Gegenwart von Zellen stabil zu sein.

2.4 DAF-2 DA-Fluoreszenz im Extrakt von Suspensionszellen

Die Mehrheit aller publizierten DAF-Fluoreszenzmessungen erfolgte bisher an Pflanzenmaterial, bei dem Zellen mit den membrangängigen Diacetaten (DAF-2 DA bzw DAF-FM DA) aufgeladen wurden und die Fluoreszenz nach Entfernen nicht aufgenommenen Farbstoffes („Waschen") mittels

Diskussion

LSM-Bildgebung ausgewertet wurde. Der offensichtliche Vorteil der Methode liegt in der Möglichkeit der Lokalisierung der Fluoreszenz in Geweben und innerhalb von Zellen. Die Alternative, nämlich die Messung der Fluoreszenz in Zellextrakten, wurde bisher nicht oder kaum angewendet. Zwar entfällt damit die Möglichkeit zur Lokalisierung der Fluoreszenz und damit der NO-Produktion, doch zumindest von der quantitativen Auswertung her bestehen entscheidende Vorteile. Schließlich ist mit Hilfe der Zellextrakte eine Auftrennung und Analyse möglicher DAF-Produkte nur auf diesem Weg möglich.

Grundsätzlich war bei unseren DAF-2 DA Experimenten die Hintergrundfluoreszenz schon in unbehandelten Kontrollzellen immer sehr hoch. Sie wurde durch Cryptogein nur marginal erhöht. Die HPLC-Auftrennung zeigte, dass – ähnlich wie bei den Produkten in Zellfiltraten – in diesem Fall sehr wenig DAF-Triazol entsteht. Dafür fanden sich eine ganze Reihe von neuen DAF-Produkten, die auch nicht mit den zwei im Filtrat entstandenen DAF-Derivaten identisch waren.

Lediglich bei Inkubation der Zellen mit NO-Donoren konnten signifikante Mengen an DAF-2T detektiert werden, allerdings schien auch hier die DAF-2T-Bildung nicht innerhalb, sondern außerhalb der Zellen stattgefunden zu haben. Dabei wurde durch weitergehende Versuche bestätigt, dass weder DAF-2T noch DAF-2 in irgendeiner Weise membranpermeabel sind. Es ist nicht auszuschließen, dass die angewandten hohen Konzentrationen der NO-Donoren negative Effekte auf die Stabilität und Integrität der Suspensionszellen haben und dadurch DAF-2T in das Filtrat gelangte. Doch scheint diese Möglichkeit relativ unwahrscheinlich, weil die im Filtrat gefundenen DAF-Derivate in keinem Fall im Filtrat zu finden waren. Die DAF-2T-Bildung in Gegenwart von NO-Donoren hätte eventuell mit Spuren von ausdiffundiertem DAF-2 stattfinden können. Allerdings konnte eine solche Ausdiffusion ausgeschlossen werden, da der Überstand von Kontrollzellen keine Fluoreszenzerhöhung mit $MRPO+H_2O_2$ bzw. $MRPO+H_2O_2+DEA-NO$ zeigte.

Eine genauere Untersuchung der im Filtrat entstandenen DAF-Produkte steht noch aus und stößt an praktische Grenzen, da die Extrakte ein Gemisch aus verschiedenen Komponenten der aufgeschlossenen Zellen darstellen und so für chromatographische Untersuchungen nicht ohne weiteres brauchbar sind.

2.5 Zusammenfassende Schlussfolgerungen zur DAF-Fluoreszenz

In der vorliegenden Arbeit wurde zum ersten Mal gezeigt, dass es zwei Möglichkeiten gibt, Fluoreszenz mit DAF-Farbstoffen zu erzeugen, nämlich eine in der Literatur beschriebene und wohlbekannte NO-abhängige und eine neue NO-unabhängige aus der Reaktion von DAF mit dem Enzym Peroxidase und H_2O_2. Im ersten Fall reagiert DAF-2 mit einer höher oxidierten NO-Spezies zu DAF-2T, was wir auch zeigen konnten. Im zweiten Fall dagegen wird DAF-2 in eine Vielzahl von verschiedenen fluoreszierenden Produkten umgewandelt, deren gegenseitiges Mengenverhältnis

_____Diskussion

und Struktur davon abhängt, ob intrazellulär oder extrazellulär Fluoreszenz gemessen wird und welcher DAF-Farbstoff eingesetzt wird.

Das folgende Schema veranschaulicht die mutmaßlichen Reaktionen im Extrazellulärraum und an der Plasmamembran von mit Cryptogein inkubierten Tabaksuspensionszellen.

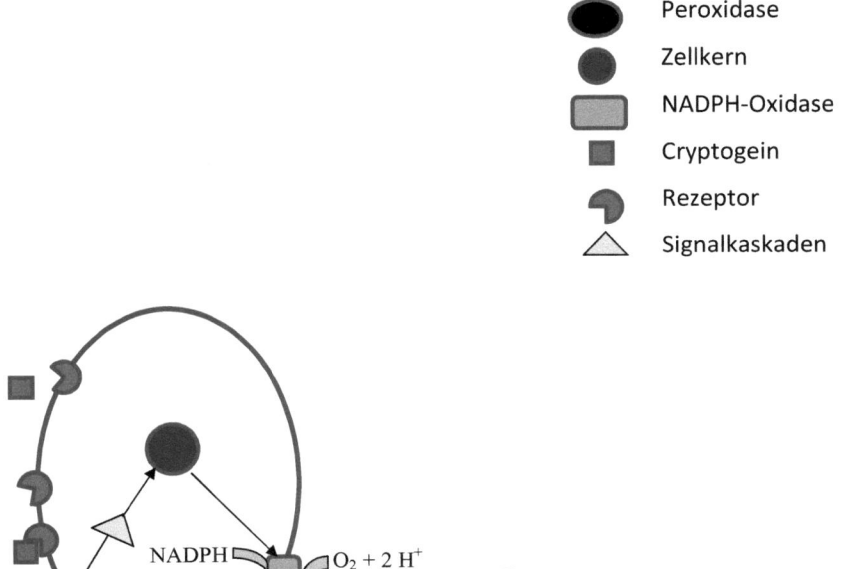

Abb. 40: Schematische Darstellung der Generierung von DAF-reaktiven Substanzen nach Inkubation mit Cryptogein (Pugin et al., 1997; Bourque et al., 1999).

Die große Familie der hämhaltigen Peroxidase-Enzyme kommt sowohl intra- als auch extrazellulär vor (Andrews et al., 2002). Sie sind teilweise zellwand- und plasmamembrangebunden (Perrey et al., 1989) und werden auch nach Befall durch Pathogene oder Verwundung (Kawaoka et al., 1994) vermehrt gebildet und als ECPOX (Extrazelluläre Peroxidasen) in den Apoplasten sekretiert (siehe A 4.2). Die Reaktion zwischen DAF-2, H_2O_2 und Peroxidase könnte einem Reaktionsschema ähnlich der radikalischen Oxidationsreaktionen der Peroxidasen entsprechen, da die Substrate der Peroxidasen auch phenolische Moleküle umfassen (Takahama, 2004).

Als Ergebnis wird grundsätzlich vorgeschlagen, Messungen der NO-Bildung, die nur auf DAF-Fluoreszenz beruhen, mit größter Vorsicht zu interpretieren und mittels HPLC zu überprüfen, ob wirklich DAF-2T gebildet wurde. Bei Methoden wie Fluoreszenzmikroskopie oder der konfokalen Laserscanningmikroskopie (CLSM) sowie bei fluorimetrischen Messungen ist auf Grund der kaum differenzierbaren Fluoreszenzspektren von DAF-2T und des mutmaßlichen Dimers eine Unterscheidung der entstandenen DAF-Derivate nicht möglich. Hier wäre für die Zukunft ein „Schnelltest" von Vorteil, weil man so aufwändige chromatographische oder gar massenspektrometrische Untersuchungen umgehen könnte. Da sich die Absorptionsspektren der neuen DAF-Derivate von DAF-2T in einigen Punkten unterscheiden (Abb. 37), liegt evtl. auch hier eine Unterscheidungsmöglichkeit.

D MATERIAL UND METHODEN

1. Tabaksuspensionszellen

1.1 Anzucht der Suspensionszellen

Der größte Teil der vorgestellten Experimente wurden mit Tabaksuspensionszellen der Wildtyp-Varietäten *Nicotiana tabacum* cv. Gatersleben und cv. Xanthi sowie der Nitratreduktase-defizienten Doppelmutante N*ia30* (Müller, 1983) durchgeführt. Deren Anzucht erfolgte zunächst als Festkultur auf Agarplatten (Zusammensetzung siehe Tab. 8). Alle 3 – 4 Wochen wurden diese unter Sterilbedingungen in eine neue Flüssigkultur umgesetzt.

Die flüssige Zellkultur vergrößerte sich in 300 mL Erlenmeyerkolben unter Dauerbeleuchtung (100 $\mu E\ m^{-2}\ s^{-1}$ photosynthetisch aktives Licht) und standardisierten Bedingungen (24 °C, kontrollierte Luftfeuchtigkeit) auf einem Schüttler (Umdrehungsgeschwindigkeit ca. 50 s^{-1}, New Brunswick Scientific, New Jersey, USA) in autoklaviertem Standard-LS-Medium (nach Linsmeier & Skoog, 1965). Mindestens zweimal pro Woche erfolgte durch „Passagieren" (80 mL neues LS-Medium + 20 mL alte Zellkultur) eine Verdünnung der Zellkultur. Für die Versuche selbst kamen mindestens zwei und höchstens fünf Tage alte Kulturen zum Einsatz.

Tab. 8: Zusammensetzung des Agarmediums, des Wachstumsmediums und der Spurenelemente-Lösung für die Flüssigkultur der Suspensionszellen.

Wachstumsmedium für Wildtyp	
20 mM	KCl
1,5 mM	$MgSO_4$
1,25 mM	KH_2PO_4
3 mM	$CaCl_2$
5 mL/L	Spurenelemente-Lösung
5 mL/L	C-Quellen
5 mM	MES
20 mM	Mops
88 mM	Saccharose
20 mM	KNO_3
pH 5,3	

Wachstumsmedium für *Nia30*

20 mM	KCl
1,5 mM	$MgSO_4$
1,25 mM	KH_2PO_4
3 mM	$CaCl_2$
5 mL/L	Spurenelemente-Lösung
5 mL/L	C-Quellen
5 mM	MES
20 mM	Mops
88 mM	Saccharose
Aminosäuren	3 g / L
pH 5,3	

Agarmedium für Wildtyp und *nia30*

20 mM	KCl
1,5 mM	$MgSO_4$
1,25 mM	KH_2PO_4
3 mM	$CaCl_2$
5 mL/L	Spurenelemente-Lösung
5 mL/L	C-Quellen
5 mM	MES
20 mM	Mops
88 mM	Saccharose
0,25 % (w/w)	Phytagel
20 mM	KNO_3
pH 6,15	

Spurenelemente

0,1 mM	$Na_2EDTA * 2\ H_2O$
0,1 mM	$FeSO_4 * 7\ H_2O$
0,1 mM	H_3BO_3
0,1 mM	$MnSO_4 * H2O$
30 µM	$ZnSO_4 * 7\ H_2O$
5 µM	NaI
1 µM	$Na_2MoO_4 * 2\ H_2O$

0,1 µM	$CuSO_4 * 5\ H_2O$
0,11 µM	$CoCl_2 * 6\ H_2O$

Das Agar- und das Wachstumsmedium wurden jeweils autoklaviert. Zur Vermeidung von Interferenzen der Inhaltsstoffe des komplexen Waschmediums mit der Fluoreszenz der DAF-Farbstoffe, wurde das Waschmedium zu einem nicht autoklavierten „LS-Minimalmedium" oder Waschmedium vereinfacht (Tab. 9). Durch Zusatz von KNO_3 und Saccharose erst am jeweiligen Versuchstag war es dann gebrauchsfertig.

Tab. 9: Zusammensetzung des vereinfachten Wachstumsmedium (LS-Minimalmedium).

Minimalmedium (Waschmedium)	
20 mM	KCl
3 mM	$CaCl_2$
20 mM	Mops
88 mM	Saccharose
20 mM	KNO_3
pH 7,2	

1.2 Vorbereitung des Zellenmaterials

Für die Versuche wurde ein größeres Volumen der Suspension aus einem Erlenmeyerkolben steril abgenommen und auf einer Fritte mit Hilfe einer Saugflasche und einem angelegten leichten Vakuum durch einen Papierfilter (Typ 2992, Durchmesser 90mm, Schleicher & Schüll, Dassel, Deutschland) dreimal mit LS-Minimalmedium gewaschen. In dieses erfolgte auch die abschließende Resuspendierung. Als Bezugsgröße für die „Zellmenge", wurde deren Masse ermittelt. Mit Hilfe einer abgeschnittenen Pipettenspitze wurden 1 mL Zellsuspension abgenommen, für eine halbe Minute trocken gesaugt und auf einer Waage die Trockenmasse festgestellt. Dieses wurde dann durch Verdünnen (Zugabe von Medium) auf 80 – 90 mg/mL eingestellt.

Während der weiterführenden Experimente wurden Aliquots der Zellen (3 – 5 ml) in einem konstanten Strom (üblicherweise 1 L/min) angefeuchteter Pressluft in Kristallisierschalen im verschlossenen Exsiccator auf einem Schüttler bei 80 – 100 Upm inkubiert. Nach einer Akklimatisationsphase von ca. 15 Minuten wurden entsprechende Substanzen appliziert und die Zellen in der Regel für 2 Stunden inkubiert.

Zur Gewinnung der Filtrate (Abb. 41) wurden die Zellen mit Hilfe selbst hergestellter Filtereinheiten aus Papierfiltern und dem Unterteil einer Spritze filtriert. Das in einem Zentrifugenglas durch

Material und Methoden

sanftes Drücken aufgefangene Filtrat wurde für Fluoreszenzmessungen in Halbmikroküvetten aus Plastik überführt.

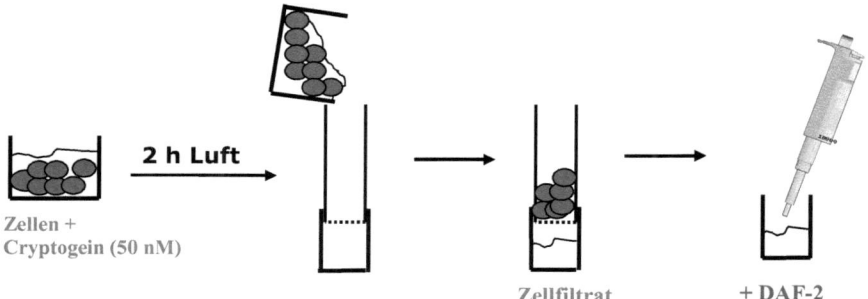

Abb. 41: Schematische Darstellung der Gewinnung des Filtrats von elicitierten Suspensionszellen.

1.3 Aufladen der Zellen mit membrangängigen Fluoreszenzfarbstoffen

Zur Quantifizierung der Fluoreszenz sowie HPLC-Analysen in Zellextrakten und für Fluoreszenzmikroskopie wurden die Zellen mit 10 µM DAF-2 DA bzw. DAF-FM DA im konstanten Luftstrom auf dem Schüttler für 30 Minuten im Dunkeln inkubiert. Um überschüssigen, nicht durch die Zellen aufgenommenen Fluoreszenzfarbstoff aus der Zellsuspension zu entfernen, wurden die Zellen danach noch zweimal mit der Saugflaschenapparatur und Minimalmedium gewaschen und danach wiederum mit dem Elicitor und evtl. weiteren Stoffen inkubiert.

Für die Gewinnung der Extrakte nach der Inkubationszeit wurden die Zellen in Filterspritzeneinheiten mit Papierfiltern (Abb. 41) zweimal mit demselben Volumen LS-Mangelmedium gewaschen, abschließend resuspendiert und in der verschlossenen Spritzeneinheit mit flüssigem Stickstoff behandelt. Nach Auftauen wurde der Extrakt in Eppendorf-Gefäße überführt und in einer vorgekühlten Zentrifuge 10 Min. bei 12000 Upm und 4°C zentrifugiert. Der häufig etwas gelbliche Überstand (als „Extrakt" bezeichnet) konnte nun nach Abtrennung der Zelltrümmer für weitere Analysen, z. B. Fluorszenzmessung verwendet werden.

1.4 Freisetzung von NO durch Donorsubstanzen

Es wurden organische und anorganische NO-Donoren entwickelt, die NO bzw. verwandte Spezies in physiologischen Dosen über längere Zeiträume freisetzen können. Bei der freigesetzten Spezies handelt es sich häufig nicht um NO selbst, sondern um das oxidierte Nitrosoniumkation (NO^+) oder das reduzierte Nitroxylanion (NO^-) oder auch Mischungen aus allen drei Komponenten, wobei allerdings eine Form meist dominiert (Übersicht bei Feelisch, 1998).

Einige häufige, auch im Rahmen dieser Arbeit benutzten Donorsubstanzen seinen exemplarisch herausgegriffen (Tab. 10).

Tab. 10: Verschiedene NO-Donoren und „Art des freigesetzten NO" (verändert nach Dangel, 2007).

Substanz	Strukturformel	Freigesetztes Teilchen
SNP (Sodiumnitroprussid)	$Na_2[Fe(CN)_5(NO)]$	NO^+
GSNO (S-Nitrosoglutathion)		NO^+
DEA-NO (Diethylamin-NONOat)		NO•
Angeli's Salz (Natrium-trioxodinitrat)		NO^-

Manche dieser Substanzen, z. B. SNP benötigen zur effektiven NO-Freisetzung künstliches Licht. GSNO, das aus der Reaktion des Tripeptids Glutathion mit NO resultiert, tritt auch im biologischen System als NO-Speicher sowie -Transportform auf.

In den beschriebenen Versuchen dieser Arbeit wurde meist DEA-NO, eine Verbindung aus der Klasse der Diazeniumdiolate (Übersicht bei Keefer, 2011), die zuverlässig 2 NO-Moleküle in der Radikalform pro Donormolekül freisetzen, verwendet. Die Halbwertszeit von DEA-NO liegt bei ca. 2 Minuten.

1.5 Der NO-Fänger cPTIO

2-(4-carboxyphenyl)-4,5-dihydro-4,4,5,5-tetramethyl-1H-imidazolyl-1-oxy-3-oxide oder abgekürzt cPTIO (Abb. 42) wird häufig verwendet, um die Wirkung und Beteiligung von NO an biologischen Vorgängen zu demonstrieren. Wird cPTIO zugegeben und eine bestimmte physiologische Reaktion bleibt aus bzw. die DAF-Fluoreszenz wird vermindert, so schließt man auf die Beteiligung von NO an dem entsprechenden physiologischen Prozess.

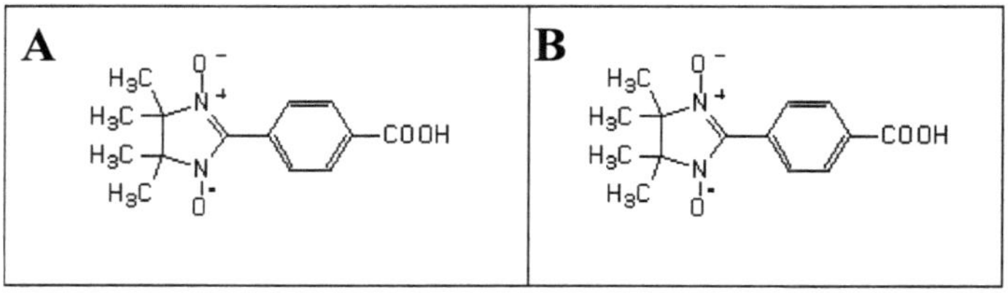

Abb. 42: Strukturformel des NO-Fängers cPTIO (A) und des Reaktionsprodukts mit NO, cPTI (B). [verändert nach Goldstein et al., 2003]

cPTIO ist selbst ein membrangängiges Radikal und damit in biologischer Umgebung von Zellen instabil. Es reagiert dabei aber spezifisch mit NO (Akaike & Maeda, 1996). Bei dieser Reaktion wird das Nitronylnitroxid (cPTIO) zu einem Iminonitroxid (cPTI) reduziert (Abb. 42). Dabei wird allerdings keineswegs die NO-abhängige DAF-Fluoreszenz erniedrigt wie man annehmen könnte, sondern eher erhöht. Die dabei ablaufende Reaktionsfolge kann in erster Näherung durch die folgenden Gleichungen wiedergegeben werden:

(26) $cPTIO + NO \rightarrow cPTI + NO_2$

(27) $NO_2 + NO \rightarrow N_2O_3$

cPTIO wirkt auf diese Weise als Sauerstoffdonor für die Oxidation von NO_2. Das so entstandene N_2O_3 ist wieder der direkte Reaktionspartner von DAF-2 zum Triazol DAF-2T, so dass die Fluoreszenz eher erhöht wird.

Ein verwandter Stoff, tmaPTIO, ist ein membranimpermeabler NO-Fänger.

2. Nachweismethoden für Stickstoffmonoxid

2.1 Chemilumineszenzmessungen

Die in der Chemilumineszenz-Analyseeinheit (CLD 770 AL ppt, Eco-Physics, Dürnten, Schweiz) ablaufenden chemischen Vorgänge wurden bereits erläutert (siehe A 5.1). Das angeregte Stickstoffdioxid kann dabei neben der Emission von Lichtquanten auch durch Reaktion mit Stoßpartnern (M) strahlungslos in den Grundzustand zurückkehren:

(28) $NO_2^* + M \rightarrow NO_2 + M$

In der Regel sind die Prozesse häufiger als die Strahlungsrelaxation. Um die Häufigkeit von Stoßpartnern zu reduzieren, arbeitet der Analysator mit Unterdruck.

Neben NO reagieren auch eine ganze Reihe weiterer organischer Moleküle mit Ozon nach demselben Mechanismus. Diese interferierenden chemischen Reaktionen laufen allerdings wesentlich langsamer ab als die Reaktion mit NO. Der Analysator arbeitet daher nach dem Zwei-Kammer-Prinzip mit einer Hauptkammer und einer Vorkammer. In der kleineren Vorkammer reagiert NO mit einem Überschuss Ozon. Dort wird auch die Basislinie festgelegt. Die eigentliche Reaktion, die zu einem Messsignal führt, findet dagegen in der Hauptkammer statt.

Abb. 43 veranschaulicht den groben apparativen Aufbau des Analysators mit den jeweils ablaufenden Reaktionen.

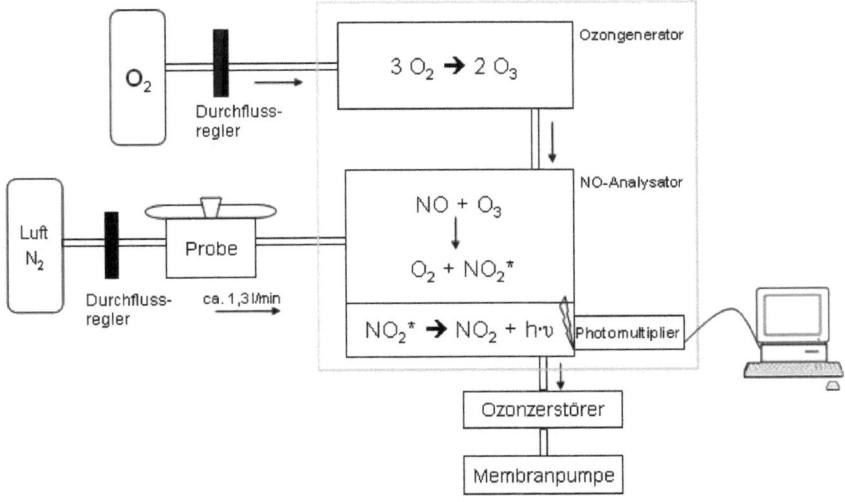

Abb. 43: Schematische Darstellung einer Apparatur zur Messung von NO mittels Chemilumineszenz.

Die zu untersuchende Probe (Suspensionszellen oder *in-vitro*-System) wurden in einer Kristallisierschale in einen Exsiccator (Volumen 1 L) eingebracht. Dieser wurde von einem mit Durchflussreglern (Tylan General, Eching, Deutschland) konstant gehaltenen Gasstrom (1,3 L/min) aus Stickstoff

Material und Methoden

oder Pressluft durchflossen. Das Messgas strömte zunächst durch eine Säule (1 m lang, 3 cm Durchmesser) gefüllt mit Aktivkohle (Partikelgröße 2 mm) und wurde dabei von NO, das sich natürlicherweise in der Luft befindet, befreit. Vor dem Eintritt in den Analysator wurde das Trägergas durch eine vorgeschaltete Kältefalle von Wasserdampf befreit, um Schäden an der Elektronik vorzubeugen.

Der Ozongenerator wurde mit Sauerstoff aus Gasflaschen gespeist. Dieser wurde durch zwischengeschaltete Blaugelsäulen (Volumen ca. 1 L) vorgetrocknet.

Das in biologischen Systemen produzierte NO muss bei dem Verfahren der Chemilumineszenz in gasförmiger Form vorliegen Um den Übertritt von NO aus der Flüssig- in die Gasphase zu beschleunigen, war der Exsiccator auf einem Schüttler untergebracht, der für Zellsuspensionen mit ca. 80 – 100, bei In-vitro-Ansätzen mit bis zu 140 Umdrehungen pro Minute betrieben wurde. Es ist bei diesem Aufbau wahrscheinlich, dass ein großer Teil des NO vor dem Übertritt in die Gasphase innerhalb der Zellen oder dem umgebenden Medium bereits abreagiert hat. Die erhaltenen Ergebnisse spiegeln daher vermutlich nicht das gesamte tatsächlich entstandene NO wider. Wenn dagegen eine mit NO gesättigte Lösung von Aqua dest. in der Chemilumineszenz untersucht wird, kann ein sehr hoher Anteil des gelösten NO wieder zurückgewonnen werden.

Mittels eines kleinen (während der Messung mit einem Gummistopfen verschlossenen) Loches in der Abdeckung des Exsiccators konnten mit der Pipette Lösungen zugegeben werden, ohne den Gasfluss zu unterbrechen. Somit war die Möglichkeit einer kontinuierlichen Messung der NO-Produktion unter bestimmten Einflüssen über einen längeren Zeitraum gegeben. Die Integrationszeit (Abstand zwischen zwei Datenpunkten) lag normalerweise bei 20 sec.

Die registrierten „Lichtsignale" des angeregten NO_2^* wurden durch einen eingebauten Photomultiplier (PMT) verstärkt sowie über einen Analog-Digital-Wandler und ein angepasstes Programm basierend auf Visual Designer (PCI-20901SS, Ver. 4.0, Tucson, Arizona, USA sowie Peter Rockel, Jülich, Deutschland) als zeitabhängiger Graph in ppb auf einem Computer wiedergegeben. Zusätzlich lagen die Messdaten als Excel-Datei zur weiteren Verarbeitung, z. B. Erstellung von Graphen vor.

Die Kalibrierung der Chemilumineszenzapparatur erfolgte mit NO-Eichgas in verschiedenen Konzentrationen, das durch Mischung mit Stickstoff aus einer „Stammlösung" (500 ppb NO in Stickstoff, Messer Griesheim, Darmstadt, Deutschland) hergestellt wurde.

2.2 Fluorimetrische Messungen

Die Messung der Fluoreszenz erfolgte in Halbmikro-Plastikküvetten mit einem Fluorimeter (FP-6500, Jasco Labor- und Datentechnik, Groß-Umstadt, Deutschland).

Hierzu wurde das jeweilige Filtrat der behandelten Zellen überführt und Fluoreszenzfarbstoff zugegeben bzw. die Edukte der *In-vitro*-Reaktion soweit vorbereitet, dass zum Schluss nur noch das Enzym MRPO zugegeben wurde. Nach Vermischen des Reaktionsansatzes mit einem Rührspatel wurde sofort der Wert für t = 0 ermittelt und zu den jeweils angegeben Zeiten die Fluoreszenz ermittelt. Hierzu wurde die Küvette in die Meßkammer gestellt und mit der auf das Gerät abgestimmten Software „Spectra measurement" (Jasco Labor- und Datentechnik, Groß-Umstadt, Deutschland) der entsprechende Wert abgelesen.

Die Konzentration der Fluoreszenzfarbstoffe betrug bei den Hydroxylamin-Versuchen noch 5 µM. Auf Grund der Ergebnisse von Leikert et al. (2001) und der damit verbundenen rationelleren Verwendung der kostspieligen Farbstoffe wurde sie für den zweiten Teil auf ein Zehntel, also 0,5 µM reduziert.

Bei Experimenten mit dem NO-Radikalfänger cPTIO musste auf Grund der starken blauen Färbung eine Absorption des durchgehenden Lichtes berücksichtigt werden, z. B. ergaben sich 20 % Verminderung bei einer Konzentration von 200 µM cPTIO.

Folgende Wellenlängen für Anregung und Emission wurden je nach Fluoreszenzfarbstoff verwendet (nach den Herstellerangaben):

Farbstoff	Anregungswellenlänge [nm]	Emissionswellenlänge [nm]
DAF-2	495	515
DAF-FM	500	515
DAR-4M	560	575

Als Bandbreite (Öffnungsweite des Spaltes nach beiden Seiten) wurden 3 nm verwendet. Die Datenabnahme („response") erfolgte alle 500 Millisekunden. Der Nullabgleich („AutoZero") erfolgte mit 1 mL LS-Mangelmedium in einer Küvette.

Mit der Software konnten auch Anregungs- und Emissionsspektren in verschiedenen Wellenlängenbereichen aufgenommen, sowie zeitabhängige Fluoreszenzmessungen einer Probe durchgeführt werden.

2.3 Fluoreszenzmikroskopie

Für fluoreszenzmikroskopische Untersuchungen wurden mit DAF-2 DA aufgeladene, entsprechend vorbehandelte und zweimal mit frischem LS-Mangelmedium gewaschene Suspensionszellen auf Objektträger gebracht. Das verwendete konfokale Mikroskop (Axioskop 2, Carl Zeiss AG, Oberko-

Material und Methoden

chen, Deutschland) war mit einem Helium-Neon-Laser (Anregungswellenlänge 488 nm) ausgestattet. Die Öffnungsweite der Blende („pinhole") sowie die Detektorempfindlichkeit („gain") wurden mit unbehandelten, aufgeladenen Kontrollzellen zur Ausschaltung der Hintergrundfluoreszenz als Basiswerte definiert. Die Bearbeitung der Bilder erfolgte mit der systemeigenen Software LSM Pascal bzw. LSM Image Browser (Carl Zeiss Microimaging GmbH, Oberkochen, Deutschland).

2.4 Indirekter kolorimetrischer Nachweis von NO

Basierend auf Hagemann und Reed (1980) und der Bildung des Azofarbstoffes (siehe A 5.4) wurde folgender Ansatz gewählt:

- 750 µl Sulfanilamid-Lösung 1 % (w/v) in 3 M HCl
- 750 µl Naphthylethylendiamin-Lösung 0,003 % (w/v) in Wasser
- 150 µl 0,5 M Zinkacetat-Lösung
- 1 mL Probe

Nach Zugabe der Reagenzien zu der Probe und 30 Minuten Reaktionszeit wurde gegen einen Nullwert die Absorption bei 546 nm gemessen. Als Standards wurden bekannte Stoffmengen (nmol) Nitrit verwendet.

Um auch gebildetes Nitrat nach dieser Methode erfassen zu können, muss dieses zunächst mit VCl_3 zu Nitrit reduziert werden (nach Casanova et al., 2006). Der hierzu gewählte Ansatz umfasste folgende Reagenzien:

- 250 µl Sulfanilamid-Lösung
- 250 µl Naphtylethylendiamin-Lösung
- 200 µl 100 mM Vanadium(III)trichlorid-Lösung in 1 M HCl
- 500 µl Probe

Der Ansatz wurde 5 Minuten bei 70° im Heizblock inkubiert, danach in Eis abgekühlt und die Absorption bei 546 nm gemessen. Da die VCl_3-Lösung eine Eigenfärbung besitzt, musste diese bei den Messwerten berücksichtigt werden.

3. Charakterisierung der Substanzen im Filtrat
3.1 Größenausschlussfiltrationen

Um niedermolekulare Bestandteile (hier H_2O_2) aus dem Filtrat elicitierter Zellen abzutrennen, wurden Spritzeneinheiten mit 1,9 mL Sephadexsuspension (Sephadex G 25) gefüllt und mit „LS-Waschmedium" äquilibriert. Anschließend wurden 650 µl Filtrat aufpipettiert und bei 1000 Upm für 40 sec zentrifugiert.

Zu Ausschließen von hochmolekularen Bestandteilen (z. B. Enzyme) wurden die Zellfiltrate auf Vecta Spin Säulen (Ausschlussgrenze 10 kDa, Whatman, Maidstone, England) aufgebracht, diese wiederum in einer Kühlzentrifuge (Minifuge GL, Heraeus Christ, Osterode) bei 7°C für 40 Minuten bei 4000 Upm zentrifugiert.

3.2 Peroxidase-Aktivitätsbestimmung

Die Messung der vorhandenen enzymatischen Aktivität an Peroxidase in den Filtraten wurde nach einem kolorimetrischen Verfahren in 1 cm Glasküvetten basierend auf der oxidativen Tetramerisierung von Guajacol zum braunen Farbstoff Octahydrotetraguajacol (ODTG) durchgeführt (Abb. 44).

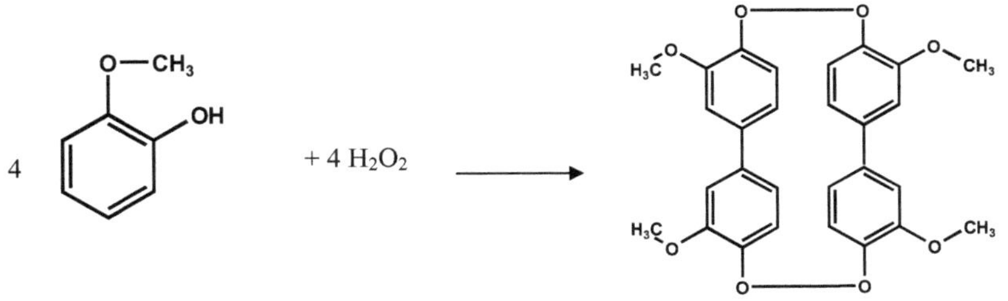

Abb. 44: Reaktionsablauf bei der Bestimmung der Peroxidase-Aktivität.

Der Reaktionsansatz, der auf der Anleitung eines Herstellers (Faizyme Laboratories, Kapstadt, Südafrika) basierte, bestand aus folgenden Substraten:
- Reaktionspuffer (=0,1 M Phosphatpuffer), Endvolumen 3 mL
- 18 mM Guajacol
- 8,3 mM H_2O_2
- 200 µl Zellfiltrat

Die Reaktion wurde durch Zugabe des Filtrats bzw. des Enzyms gestartet; die Gesamtreaktionszeit betrug 10 Minuten; zu den Zeiten 0, 5 und 10 Minuten wurde die Absorption bei 436 nm am Photometer gemessen und daraus die Umsetzungsgeschwindigkeit berechnet.

Die Kalibrierung erfolgte mit bekannten Mengen MRPO.

_____Material und Methoden

3.3 Quantifizierung von H_2O_2

Die Bestimmung der von den elicitierten Zellen produzierten Menge an H_2O_2 im filtrierten Überstand erfolgte mit Hilfe der Amplex-Rot-Methode (Rhee et al., 2010). Dabei wird das farblose Amplex-Rot in den rosa Farbstoff Resorufin umgewandelt (Abb. 45).

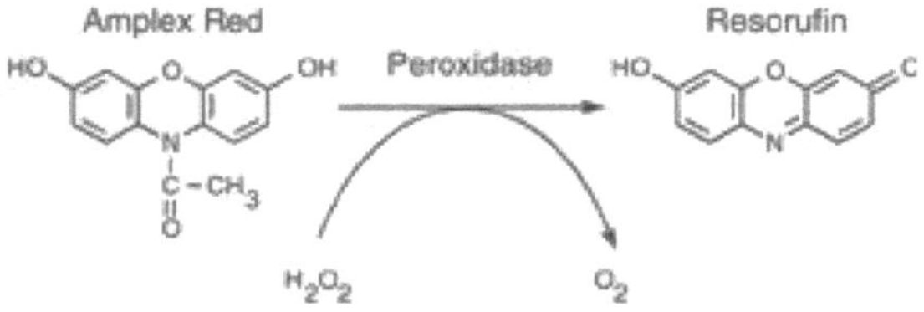

Abb. 45: Reaktionsablauf bei der Bestimmung der H_2O_2-Konzentration (Quelle: Invitrogen, The Molecular Probes Handbook).

Die Reaktion wurde in Plastikküvetten in einer Abwandlung der Herstellervorschrift (Invitrogen, Darmstadt, Deutschland) folgendermaßen durchgeführt:

Zu 350 µl Amplex-Stammlösung (100 µM Ampliflu-Rot, 20 U /mL MRPO, in 250 µl Natriumphospat-Puffer, pH 7,4) wurden 350 µl Filtrat zugegeben. Nach kurzem Schütteln und einer Inkubationszeit von dreißig Minuten im Dunklen konnte die Absorption bei 560 nm gegen eine Nullprobe photometrisch bestimmt werden.

Für die Standardreihe wurden bekannte Stoffmengen (nmol) H_2O_2 als Substrat verwendet.

Material und Methoden

4. Analytische Methoden zur Charakterisierung der DAF-Reaktionsprodukte
Alle folgenden Analysen wurden im Lehrstuhl für Pharmazeutische Biologie mit Unterstützung von Dr. Markus Krischke und Dr. Agnes Fekete durchgeführt.

4.1 Hochdruckflüssigkeitschromatographie (HPLC)
Die HPLC-Analyseneinheit (Waters Systeme, Milford, USA) setzte sich aus einer quarternären HPLC-Pumpe 600 E, dem Probengeber 717 plus sowie der Fluoreszenzdetektions-einheit 474 zu-sammen. Die verwendete Trennsäule Zorbax Eclipse XDB-C18 (460 mm * 1500 mm, Agilent, Waldbronn, Deutschland) verfügte über eine Partikelgröße von 5 µm.
Als Laufmittel (mobile Phase) diente ein Gemisch aus mit Feinporenfiltern (Schleicher & Schüll, Dassel, Deutschland) filtriertes „LS-Mangelmedium" sowie Acetonitril (HPLC-Grade, Merck, Darmstadt). Die Flussrate wurde auf 1,5 mL / min eingestellt. Die Elution der Analyten erfolgte mittels Lösungsmittelgradient:

Zeitpunkt	% Komponente A („LS-Medium")	% Komponente B (Acetonitril)
0	95	5
20	75	25
20 – 30	0	100
30 – 40	95	5

Die Temperatur des Säulenofens betrug während des gesamten Laufs konstant 28 °C.
Die zu untersuchenden Proben wurden zur Entfernung von störenden Proteinen im Heizblock bei 100 °C kurz erhitzt und zentrifugiert. Von dem erhaltenen Überstand wurden 100 µL in HPLC-Gefäße überführt, davon wurden wiederum 50 µl zur Analyse verwendet. Das kurze Erhitzen hatte keinen Einfluss auf die Trenneigenschaften bzw. die Integrität der Proben, was durch Kontrollan-sätze verifiziert wurde.
Um trotzdem Verunreinigungen der Trennsäule zu vermeiden, wurde noch eine Vorsäule (Zorbax, 12,5 * 4,6 mm, Agilent) vorgeschaltet. Da sich dabei aber eine unsaubere Trennung (Auftreten von Doppelpeaks) zeigte, wurde diese später wieder weggelassen.

4.2 Massenspektrometrie (LC-MS)
Bei den massenspektrometrischen Untersuchungen wurde ein Ultra Performance Liquid Chromato-graphy (UPLC)-System sowie ein Synapt HDMS G2 Massenspektrometer (Waters, Eschborn, Deutschland) eingesetzt. Die verwendete Säule BEH C18 (50 * 2,1 mm, Waters, Eschborn) verfüg-te über einen Partikeldurchmesser von 1,7 µm. Die Temperatur der Säule wurde auf 30 °C, die des

Probengebers auf 20 °C reguliert. Das Injektionsvolumen betrug 5 µl. Der Fluss an Laufmittel betrug 0.3 mL/min. Die folgende Tabelle zeigt den verwendeten Gradienten:

Zeit	% Komponente A (1 mM Ammoniumacetat in 5 % Acetontril)	% Komponente B (Acetonitril)
0	99	1
5	50	50
7	50	50
7,1	99	1
10	99	1

Nach der Trennung in der UPLC wurde eine negative Electrospray Ionisation (ESI) der Analyten durchgeführt. Dabei betrug die Kapillarspannung 800 V, die Konusspannung 30 V. Die Probe wurde mit Stickstoff desolvatisiert (800 l/h, 350 °C). Die Temperatur der Ionenquelle wurde auf 120 °C eingestellt. Das Massenspektrometer analysierte Ionen in einem Masse/Ladungs-Verhältnis (m/z) von 50 bis 1200 in einer Scanzeit von 0,15 Sekunden.

Die Betriebsart Low Energy (LE) mit einer Kollisionsspannung in der Detektionszelle von 4 V erzeugte Molekülionen, womit ein Rückschluss auf die Elementarkomposition möglich ist. Beim Modus High Energy (HE) mit einer Kollisionsspannung von 15 bis 35 V erfolgte die Fragmentierung der Analyten, was einen Rückschluss auf die Struktur zulässt. Die Kollisionszelle war mit Argon gefüllt. Als Kalibrierungsstandard für die Massendetektion wurde alle 30 Sekunden Leucine-Emphakiline gemessen. Für die Auswertung und Analyse der Daten wurde die Software „Mass Lynx 4.1" verwendet.

5. Statistische Auswertungen und Erstellung von Graphen

Zur Auswertung der Daten sowie Erstellung der Diagramme und Graphen wurden die Standardsoftwareprogramme Microsoft Excel sowie Origin Pro 8.6 G (Origin Lab Corporation, Northampton, USA) verwendet.

Die Erstellung, Auswertung und Optimierung der HPLC-Graphen erfolgte mit der systemeigenen Software Millenium (Waters Systeme, Milford, USA) sowie Corel Draw X4 (Corel Corporation, Ottawa, Kanada).

6. Chemikalien / Enzyme

Die verwendeten Chemikalien und Enzyme wurden von folgenden Firmen bezogen:

Chemikalien	
Ampliflu Rot	Sigma-Aldrich, Schnelldorf
Calciumchlorid	AppliChem, Darmstadt
CasAminosäuren	Becton, Dickinson and Company, Sparks, USA
cPTIO	Enzo Life Science, Lörrach
DAF-2T	Calbiochem / Genaxxon Bio-science GmbH, Ulm
DAF-2	Axxora Deutschland GmbH, Lörrach
DAF-2 DA	Axxora Deutschland GmbH, Lörrach
DAF-FM	Axxora Deutschland GmbH, Lörrach
DAF-FM DA	Axxora Deutschland GmbH, Lörrach
DAR-4M	Axxora Deutschland GmbH, Lörrach
DEA-NO	Enzo Life Science, Lörrach
DPI	Enzo Life Science, Lörrach
Guajacol	Sigma-Aldrich, Schnelldorf
Hydroxylamin	Acros Organics, Nidderau
Kaliumchlorid	AppliChem, Darmstadt
Kaliumnitrat	AppliChem, Darmstadt
Kaliumdihydrogenphosphat	AppliChem, Darmstadt
Magnesiumsulfat	AppliChem, Darmstadt
MES	Biomol Feinchemikalien, Hamburg
Mops	Sigma-Aldrich, Schnelldorf
Myxothiazol	Sigma-Aldrich, Schnelldorf
N-(1-Naphthyl)-ethylendiamindihydrochlorid	Merck, Darmstadt
Phytagel	Sigma-Aldrich, Schnelldorf
Saccharose	AppliChem, Darmstadt
Sephadex G 25	Sigma-Aldrich, Schnelldorf
SHAM	Sigma-Aldrich, Schnelldorf
Sulfanilamid	Merck KgaA, Darmstadt
Vanadiumtrichlorid	Sigma-Aldrich, Schnelldorf
Wasserstoffperoxid	Merck KGaA, Darmstadt
Xanthin	Sigma-Aldrich, Schnelldorf

Zinkacetat	Merck KGaA, Darmstadt
Enzyme	
Glucoseoxidase	Sigma-Aldrich, Schnelldorf
Katalase aus Rinderleber	Sigma-Aldrich, Schnelldorf
Meerrettichperoxidase Typ 1	Sigma-Aldrich, Schnelldorf
Superoxid-Dismutase	Sigma-Aldrich, Schnelldorf
Xanthinoxidase (aus Buttermilch)	Sigma-Aldrich, Schnelldorf

Cryptogein wurde freundlicherweise von Michel Ponchet (INRA, Unité Mixte de Recherche, Sophia-Antipolis, Frankreich) zur Verfügung gestellt.

Hydroxylamin-Stammlösungen wurden in 1 mM mit Helium vorbegaster HCl angesetzt, DEA in 10 mM Kalilauge.

E LITERATURVERZEICHNIS

Akaike T, Maeda H. 1996. Quantitation of nitric oxide using 2-phenyl-4,4,5,5-tetramethylimidazoline-1-oxyl 3-oxide (PTIO). Methods in Enzymology 268: 211 – 222.

Alderton WK, Cooper CE, Knowles RG. 2001. Nitric oxide synthases: structure, function and inhibition. The Biochemical Journal 357: 593 – 615.

Alscher RG, Erturk N, Heath LS. 2002. Role of superoxide dismutases (SOD) in controlling oxidative stress in plants. Journal of Experimental Botany 53: 1331 – 1342.

Andrews J, Adams SR, Burton KS, Evered CE. 2002. Subcellular localization of peroxidase in tomato fruit skin and the possible implications for the regulation of fruit growth. Journal of Experimental Botany 53: 2185 – 2191.

Antoine M-H, Ouedraogo R, Sergooris J, Hermann M, Herchuelz A, Lebrun P. 1996. Hydroxylamine, a nitric oxide donor, inhibits insulin release and activates K^+-ATP channels. European Journal of Pharmacology 313: 229 – 235.

Barber JM, Kay JC. 1996. Superoxide production during reduction of molecular oxygen by assimilatory nitrate reductase. Archives of Biochemistry and Biophysics 326: 227 – 232.

Barroso JB, Corpas FJ, Carrera A, Sandalio ML, Valderrama R, Palma JM, Lupianez JA, del Rio LA. 1999. Localization of nitric-oxide synthase in plant peroxisomes. The Journal of Biological Chemistry 274: 36729 – 36733.

von Bohlen und Halbach O. 2003. Nitric oxide in living neuronal tissures using fluorescence probes. Nitric Oxide – Biology and Chemistry 9: 217 – 228.

Bethke PC, Libourel IGL, Jones RL. 2005. Nitric oxide reduces seed dormancy in Arabidopsis. Journal of Experimental Botany 57: 517 – 526.

Bourque S, Binet M-N, Ponchet M, Pugin A, Lebrun-Garcia A. 1999. Characterization of the Cryptogein binding site on plant plasma membranes. The Journal of Biological Chemistry 274: 34699 – 34705.

Broillet M-C, Randin O, Chatton Y-C. 2001. Photoactivation and calcium sensitivity of the fluorescent NO indicator 4,5-diaminofluorescein (DAF-2): implications for cellular NO imaging. FEBS Letters 491: 227 – 232.

Butt YK, Lum JH, Lo SC. 2003. Proteomic identification of plant proteins probed by mammalian nitric oxide synthase antibodies. Planta 216: 762-71

Casanova JA, Gross LK, McMullen SE, Schenck FJ. 2006. Use of Griess reagent containing vanadium (III) for post-column derivatization and simultaneous determination of nitrite and nitrate in baby food. Journal of the Association of Official Analytical Chemists International 89: 447 – 451.

Chandok MR, Ekengren SK, Martin GB, Klessig DF. 2004. Suppression of pathogen-inducible NO synthase (iNOS) activity in tomato increases susceptibility to *Pseudomonas syringae*. Proceedings of the National Academy of Sciences of the United States of America 101: 8239 – 8244.

Chandok MR, Ytterberg J, van Wijk KJ, Klessig DF. 2003. The pathogen-inducible Nitric oxide synthase (iNOS) in plants is a variant of the P Protein of the glycine decarboxylase complex. Cell 113: 469 – 482.

Clarke A, Desikan R, Hurst RD, Hancock JT, Neill SJ. 2000. NO way back: nitric oxide and programmed cell death in *Arabidopsis thaliana* suspension cultures. The Plant Journal 24: 667 – 677.

Conrath U, Amoroso G, Köhle H, Sültemeyer DF. 2004. Non invasive online detection of nitric oxide from plants and some other organisms by mass spectrometry. The Plant Journal 38: 1015 – 1022.

Corpas FJ, Fernandez-Ocana A, Carreras A, Valderrama R, Luque F, Esteban FJ, Rodrıguez-Serrano Ml, Chaki M, Pedrajas JR, Sandalio LM, del Rıo LA, Barroso JB. 2006. The expression of different superoxide dismutase forms is cell-type dependent in olive (*Olea europaea* L.) leaves. Plant Cell Physiology 47: 984 – 994.

Craven PA, DeRubertis FR, Pratt DW. 1979. Electron spin resonance study of the role of NO-Catalase in the activation of guanylate cyclase by NaN_3 and NH_2OH. The Journal of Biological Chemistry 254: 8213 – 8222.

Crawford MN, Galli M, Tischner R, Heimer YM, Okamoto M, Mack A. 2006. Response to Zemojtel et al.: Plant nitric oxide synthase: back to square one. Trends in Plant Science 11: 526 – 527.

Dangel O. 2007. Wirkung von Stickstoffmonoxid auf die Thrombozytenfunktion von Guanylyl-Cyclasedefizienten Mäusen. Dissertation zur Erlangung des Grades eines Doktors der Naturwissenschaften. Ruhr-Universität Bochum.

Davies IR, Zhang X. 2008. Nitric oxide selective electrodes. Methods in Enzymology 436: 64 – 88.

DeMaster EG, Raij L, Archer SL, Weir EK. 1989. Hydroxylamine is a vasorelaxant and a possible intermediate in the oxidative conversion of L-Arginine to nitric oxide. Biochemical and Biophysical Research Communications 163: 527 – 533.

Derbyshire ER, Marletta MA. 2012. Structure and regulation of soluble guanylate cyclase. Annual Review of Biochemistry 81: 533 – 559.

Desikan R, Cheung M-K, Bright J, Henson D, Hancock JT, Neill SJ. 2004. ABA, hydrogen peroxide and nitric oxide signalling in stomatal guard cells. Journal of Experimental Botany 55: 205 – 212.

Desikan R, Reynolds A, Hancock JT, Neill SJ. 1998. Harpin and hydrogen peroxide both initiate programmed cell death but have differential effects on defence gene expression in Arabidopsis suspension cultures. The Biochemical Journal 330: 115 – 120.

Ducrocq C, Blanchard B, Pignatelli B, Ohshima H. 1999. Peroxynitrite: an endogenous oxidizing and nitrating agent. Cellular and Molecular Life Sciences 55: 1068 – 1077.

Durner J, Wendehenne D, Klessig DF. 1998. Defense gene induction in tobacco by nitric oxide, cyclic GMP and cyclic ADP-Ribose. Proceedings of the National Academy of Sciences of the United States of America 95: 10328 – 10333.

Feelisch M. 1998. The use of nitric oxide donors in pharmacological studies. Naunyn-Schmiedeberg's Archives of Pharmacology 358:113 –122.

Feelisch M, Rassaf T, Mnaimneh S, Singh N, Bryan NS, Jourd'heuil D, Kelm M. 2002. Concomitant S-, N-, and heme-nitros(yl)ation in biological tissues and fluids: implications for the fate of NO *in vivo*. FASEB journal 16:1775-85.

Felix G, Grosskopf DG, Regenass M, Boller T. 1991. Rapid changes of protein phosphorylation are involved in transduction of the elicitor signal in plant cells. Proceedings of the National Academy of Sciences of the United States of America 88: 8831 – 8834.

Foissner I, Wendehenne D, Langebartels C, Durner J. 2000. *In vivo* imaging of an elicitor–induced nitric oxide burst in tobacco. The Plant Journal 23: 817 – 824.

Foresi N, Correa-Aragunde N, Parisi G, Calo G, Salerno G, Lamattina L. 2010. Characterization of a nitric oxide synthase from the plant kingdom: NO Generation from the green alga *Ostreococcus tauri* is light irradiance and growth phase dependent. The Plant Cell 22: 3816 – 3830.

Furchgott RF, Zawadzki JV. 1980. The obligatory role of endothelial cells in the relaxation of arterial smooth muscle by acetylcholine. Nature 288: 373 – 375.

Gabaldón C, Roos LVG, Pedreño MA, Barceló RA. 2005. Nitric oxide production by the differentiating xylem of *Zinnia elegans*. New Phytologist 165: 121 – 130.

Gan N, Hondou T, Miyata H. 2013. Spontaneous increases in the fluorescence of 4,5-diaminofluorescein and its analogs: their impact on the fluorometry of nitric oxide production in endothelial cells. Biological & Pharmaceutical Bulletin 35: 1454 – 1459.

Goldstein S, Russo A, Samuni A. 2003. Reactions of PTIO and carboxy-PTIO with NO, NO_2 and $O_2^{\bullet-}$. The Journal of Biological Chemistry 278: 50949 – 50955.

Golino P, Cappelli-Bigazzi M, Ambrosio G, Ragni M, Russolillo B, Condorelli M, Chiariello M. 1992. Endothelium-derived relaxing factor modulates platelet aggregation in an *in vivo* model of recurrent platelet activation. Circulation Research 71: 1447 – 1456.

Guo F-Q, Crawford NM. 2005. Arabidopsis nitric oxide synthase protein AtNOS1 is targeted to mitochondria and protects against oxidative damage and dark-induced senescence. The Plant Cell 17: 3436 – 3450.

Guo F-Q, Okamoto M, Crawford NM. 2003. Identification of a plant nitric oxide synthase gene involved in hormonal signaling. Science 302: 100 – 103.

Gupta KJ, Igamberdiev AU, Kaiser WM. 2010. New insights into the mitochondrial nitric oxide production pathways. Plant Signaling & Behaviour 5: 999 – 1001.

Gupta KJ, Stoimenova M, Kaiser WM. 2005. In higher plants, only root mitochondria, but not leaf mitochondria reduce nitrite to NO, *in vitro* and *in situ*. Journal of Experimental Botany 56: 2601 – 2609.

Gusarov I, Starodutseva M, Wang Z-Q, McQuade L, Lippard SJ, Stuehr DJ, Nudler E. 2008. Bacterial nitric-oxide synthases operate without a dedicated redox Partner. The Journal of Biological Chemistry 283: 13140 – 13147.

Hageman RH, Reed AJ. 1980. Nitrate reductase from higher plants. Methods in Enzymology 69: 270 – 280.

Hall CN, Garthwaite J. 2009. What is the real physiological NO concentration *in vivo*? Nitric Oxide – Biology and Chemistry 21: 92 – 103.

Halkier, BA, Olsens CE, Müller BL. 1989. The biosynthesis of cyanogenic glucosides in higher plants. The Journal of Biological Chemistry 264: 19487 – 19494.

Haseloff RF, Zölner S, Kirilyuk IA, Grigor'ev IA, Reszka R, Bernhardt R, Mertsch K, Roloff B, Blasig IF. 1997. Superoxide-mediated reduction of the nitroxide group can prevent detection of nitric oxide by nitronyl nitroxides. Free Radical Research 26: 7 – 17.

Haynes WM. 2011: CRC Handbook of Chemistry and Physics. 92th edition. Taylor & Francis.

Hess DT, Matsumoto A, Kim S-O, Marshall HE, Stamler JS. 2005. Protein S-Nitrosylation: purview and parameters. Nature Reviews Molecular and Cell Biology 6: 150 – 166.

Hirasawa M, Tripathy JN, Sommer F, Somasundaram R, Chung J-S, Nestander M, Kruthiventi M, Zabet-Moghaddam M, Johnson MK, Merchant SS, Allen JP, Knaff DB. 2010. Enzymatic properties of the ferredoxin-dependent nitrite reductase from *Chlamydomonas reinhardtii*. Evidence for hydroxylamine as a late intermediate in ammonia production. Photosynthesis Research 103: 67 – 77.

Hobbs AJ, Fukuto JM, Ignarro LJ. 1994. Formation of free nitric oxide from L-arginine by nitric oxide synthase: Direct enhancement of generation by superoxid dismutase. Proceedings of the National Academy of Sciences of the United States of America 91: 10992 – 10996.

Hooper AB, Terry KR. 1979. Hydroxylamine oxidoreductase of *Nitrosomonas*: production of nitric oxide from hydroxylamine. Biochimica et Biophysica Acta 571: 12 – 20.

Hooper AG, Vannelli T, Bergmann DJ Arciero DM. 1997. Enzymology of the oxidation of ammonia to nitrite by bacteria. Antonie van Leeuwenhoek 71: 50 – 67.

Ignarro LJ. 1990. Nitric Oxide - A novel signal mechanism for transcellular communication. Hypertension 16: 477 – 483.

Ignarro LJ, Buga MG, Keith SW, Russell EB, Chaudhuri G. 1987. Endothelium-derieved relaxing factor produced and released from artery and vein is nitric oxide. Proceedings of the National Academy of Sciences of the United States of America 64: 9265 – 9269.

Ignarro LJ, Fukuto JM, Griscavage JM, Rogers NE, Byrns RE. 1993. Oxidation of nitric oxide in aqueous solution to nitrite but not nitrate: Comparison with enzymatically formed nitric oxide from L-arginine. Proceedings of the National Academy of Sciences of the United States of America 90: 8103 – 8107.

Jourd'heuil A. 2002. Increased nitric oxide-dependent nitrosylation of 4,5-diaminofluoresceins by oxidants: implications for the measurement of intracellular nitric oxide. Free Radical Biology & Medicine 33: 676 – 684.

Jourd'heuil A, Laroux FS, Miles AM, Wink DA, Grisham MB. 1999. Effect of superoxide dismutase on the stability of S-Nitrosothiols. Archives of Biochemistry and Biophysics 361: 323 – 330.

Kawaoka A, Kawamoto T, Ohta H, Sekine M, Takano M, Shinmyo A. 1994. Wound-induced expression of horseradish peroxidase. Plant Cell Reports 13: 149 – 154.

Keefer LK. 2011. Fifty years of diazeniumdiolate research. From laboratory curiosity to broad-spectrum biomedical advances. Chemical Biology 6: 1147 – 1155.

Kehrer JP. 2000. The Haber-Weiss reaction and mechanisms of toxicity. Toxicology 149: 43 – 50.

Keilin D, Nicholls P. 1958. Reactions of catalase with hydrogen peroxide and hydrogen donors. Biochimica et Biophysica Acta 29: 302 – 307.

Klepper, LA. 1979. Nitric oxide (NO) and nitrogen dioxide (NO_2) emissions from herbicide-treated soybean plants. Atmospheric Environment 13: 537 – 542.

Kojima H, Nakatsubo N, Kikuchi K, Kawahara S, Kirino Y, Nagoshi H, Hirata Y, Nagano T. 1998b. Detection and imaging of nitric oxide with novel fluorescent indicators: Diaminofluoresceins. Analytical Chemistry 70: 2446 – 2453.

Kojima H, Sakurai K, Kikuchi K, Kawahara S, Kirino Y, Nagoshi H, Hirata Y, Nagano T. 1998a. Development of a fluorescent indicator for nitric oxide based on the fluorescein chromophore. Chemical & Pharmaceutical Bulletin 46: 373 – 375.

Kröncke K-D, Fehsel K, Kolb-Bachofen V. 1997. Nitric oxide: Cytotoxicity versus cytoprotection: How, why, when and where? Nitric Oxide – Biology and Chemistry 1: 107 – 120.

Kuznetsova S, Knaff DB, Hirasawa M, Lagoutte B, Se´tif P. 2004a. The mechanism of spinach chloroplast ferredoxin-dependent nitrite reductase: spectroscopic evidence for intermediate states. Biochemistry 43: 510 – 517.

Kuznetsova S, Knaff DB, Hirasawa M, Se´tif P, Mattioli TA. 2004b. Reactions of spinach nitrite reductase with its substrate nitrite and a putative intermediate, hydroxylamine. Biochemistry 43: 10765 – 10774.

Lamb C, Dixon RA. 1997. The oxidative burst in plant disease resistance. Annual Review of Plant Physiology and Plant Molecular Biology 48: 251 – 275.

Lamotte O, Gould K, Lecourieux D, Sequeira-Legrand A, Lebrun-Garcia A, Durner J, Pugin A, Wendehenne D. 2004. Analysis of nitric oxide signaling functions in tobacco cells challenged by the elicitor cryptogein. Plant Physiology 135: 516 – 529.

Leikert JF, Räthel TR, Müller C, Vollmar AM, Dirsch VM. 2001. Reliable in vitro measurement of nitric oxide released from endothelial cells using low concentrations of the fluorescent probe 4,5-diaminouorescein. FEBS letters 506: 131 – 134.

Leng Q, Mercier RW, Yao W, Berkowitz GA. 1999. Cloning and first functional characterization of a plant cyclic nucleotide-gated cation channel. Plant Physiology 121: 753 – 761.

Li H, Samouilov A, Liu X, Zweier JL. 2003. Characterization of the magnitude and kinetics of xanthine oxidase-catalyzed nitrate reduction: Evaluation of its role in nitrite and nitric oxide generation in anoxic tissues. Biochemistry 42: 1150 – 1159.

Linsmaier EF, Skoog F. 1965. Organic growth factor requirements of tobacco tissue cultures. Physiologia Plantarum 18: 100 – 127.

Liu X, Miller MJS, Joshi MS, Thomas DD, Lancaster JR. 1998. Accelerated reaction of nitric oxide with O_2 within the hydrophobic interior of biological membranes. Proceedings of the National Academy of Sciences of the United States of America 95: 2175 – 2179.

Lum HK, Butt YKC, Lo Sc. 2002. Hydrogen peroxide induces a rapid production of nitric oxide in mung bean (*Phaseolus aureus*). Nitric Oxide – Biology and Chemistry 6: 205 – 213.

Malinski T, Taha Z, Grunfeld S, Patton S, Kapturczak M, Tomboulian P. 1993. Diffusion of nitric oxide in the aorta wall monitored *in situ* by porphyrinic microsensors. Biochemical and Biophysical Research Communication 193: 1076 – 1082.

Mannick JB, Schonhoff CM. 2002. Nitrosylation: the next phosphorylation. Archives of Biochemistry and Biophysics 408: 1 – 6.

Marletta MA. 1994. Nitric oxide synthase: Aspects concerning structure and catalysis. Cell 78: 927 – 930.

McCord JM, Fridovich I. 1969. Superoxide dismutase – an enzymic function for erythrocuprein (hemocuprein). The Journal of Biological Chemistry. 244: 6049 – 6055.

Millar TM, Stevens CR, Benjamin N, Eisentha, Harrison, Blake DR. 1998. Xanthine oxidoreductase catalyses the reduction of nitrates and nitrite to nitric oxide under hypoxic conditions. FEBS letters 427: 225 – 228.

Modolo LV, Cunha FQ, Braga MR, Salgado I. 2002. Nitric oxide synthase-mediated phytoalexin accumulation in soybean cotyledons in response to the *Diaporthe phaseolorum* f. sp. meridionalis elicitor. Plant Physiology 130: 1288 – 1297.

Moreau M, Lee GI, Wang Y, Crane BR, Klessig DF. 2008. AtNOS/A1 is a functional *Arabidopsis thaliana* cGTPase and not a nitric oxide synthase. The Journal of Biological Chemistry 283: 32957 – 32967.

Müller AJ. 1983. Genetic analysis of nitrate reductase-deficient tobacco plants regenerated from mutant cells. Evidence for duplicate structural genes. Molecular and General Genetics 192: 275 – 281.

Mur LAJ, Mandon J, Cristescu SM, Harren FJM, Prats E. 2011. Methods of nitric oxide detection in plants: A commentary. Plant Science 181: 509 – 519.

Mur LAJ, Santosa IE, Laarhoven LJJ, Holton NJ, Harren FJM, Smith AR. 2005. Laser Photoacoustic detection allows *in planta* detection of nitric oxide in tobacco following challenge with avirulent and virulent Pseudomonas syringae pathovars. Plant Physiology 138: 1247 – 1258.

Murphy ME, Noak E. 1994. Nitric Oxide assay using hemoglobin method. Methods in Enzymology 233: 240 – 250.

Murphy ME, Sies H. 1991. Reversible conversion of nitroxyl anion to nitric oxide by superoxide dismutase. Proceedings of the National Academy of Sciences of the United States of America 88: 10860 – 10864.

Mustafa AK, Gadalla MM, Snyder SH. 2009. Signaling by gasotransmitters. Science Signaling 2: 1 – 8.

Nagano T, Yoshimura T. 2002. Bioimaging of nitric oxide. Chemical Reviews 102: 1235 – 1269.

Nagata N, Momose K, Ishida Y. 1999. Inhibitory effects of catecholamines and anti-oxidants on the fluorescence reaction of 4,5-Diaminofluorescein, DAF-2, a novel indicator of nitric oxide. Journal of Biochemistry 125: 658 – 661.

Nguyen T, Brunson D, Crespi CL, Penman BW, Wishnok JS, Tannenbaum SR. 1992. DNA damage and mutation in human cells exposed to nitric oxide *in vitro*. Proceedings of the National Academy of Sciences of the United States of America 89: 3030 – 3034.

Noritake T, Kawakita K, Doke N. 1996. Nitric oxide induces phytoalexin accumulation in potato tuber tissues. Plant Cell Physiology 37: 113 – 116.

Nunoshiba A, deRoja-Walker T, Wishnok JS, Tannenbaum SR, Demple B. 1993. Activation by nitric oxide of an oxidative-stress response that defends *Escherichia coli* against activated macrophages. Proceedings of the National Academy of Sciences of the United States of America 90: 9993 – 9997.

Ohta K, Rosner G, Graf R. 1997. Nitric oxide generation from sodium nitroprusside and hydroxylamine in brain. Neuro Report 8: 2229 – 2235.

Parani M, Rudrabhatla S, Myers R, Weirich H, Smith B, Leaman DW, Goldman SL. 2004. Microarray analysis of nitric oxide responsive transcripts in *Arabidopsis*. Plant Biotechnology Journal 2: 359 – 366.

Paul V, Ekambaram P. 2011. Involvement of nitric oxide in learning & memory processes. Indian Journal of Medical Research 133: 471 – 478.

Peng M, Kuc J. 1992. Peroxidase-generated hydrogen peroxide as a source of antifungal activity *in vitro* and on tobacco leaf disks. Phytopathology 82: 696 – 699.

Perrey R, Hauser M-T, Wink M. 1989. Cellular and subcellular localization of peroxidase isoenzymes in plants and cell suspension cultures from *Lupinus polyphyllus*. Zeitschrift für Naturforschung 44: 931 – 936.

Pinder AG, Rogers SC, Khalatbari A, Ingram TE, James PE. 2009. The measurement of nitric oxide and its metabolites in biological samples by ozone-based chemiluminescence. Methods in Molecular Biology 476: 10 – 27.

Planchet E, Gupta KJ, Sonoda M, Kaiser WM. 2005. Nitric oxide emission from tobacco leaves and cell suspensions: rate limiting factors and evidence for the involvement of mitochondrial electron transport. The Plant Journal 41: 732 – 743.

Planchet E, Kaiser WM. 2006. Nitric oxide (NO) detection by DAF fluorescence and chemiluminescence: a comparison using abiotic and biotic NO sources. Journal of Experimental Botany 57: 3043 – 3055.

Planchet E, Sonoda M, Zeier J, Kaiser WM. 2006. Nitric oxide (NO) as an intermediate in the cryptogein induced hypersensitive response – a critical re-evaluation. Plant Cell & Environment 29: 59 – 69.

Prado AM, Porterfield DM, Feijo JA. 2004. Nitric oxide is involved in growth regulation and reorientation of pollen tubes. Development 11: 2707 – 2714.

Pugin A, Frachisse J-M, Tavernier E, Bligny R, Gout E, Douce R, Guern J. 1997. Early events induced by the elicitor cryptogein in tobacco cells: Involvement of a plasma membrane NADPH oxidase and activation of glycolysis and the pentose phosphate pathway. The Plant Cell 9: 2077-2091

Rees DD, Palmer RMJ, Hodson HF, Moncada S. 1989. A specific inhibitor of nitric oxide formation from L-arginine attenuates endothelium-dependent relaxation. British Journal of Pharmacology 96: 418 – 424.

Rhee SG, Chang T-S, Jeong W, Kang D. 2010. Methods for detection and measurement of hydrogen peroxide inside and outside of cells. Molecules and Cells 29: 539 – 549.

Rockel P, Strube F, Rockel A, Wildt J, Kaiser WM. 2002. Regulation of nitric oxide production by plant nitrate reductase *in vivo* and *in vitro*. Journal of Experimental Botany 53: 103 – 110.

Roby D, Toppan A, Esquerré-Tugayé M-T. 1985. Cell surfaces in plant-microorganism interactions. Plant Physiology 77: 700 – 704.

Rudolf M, Kroneck PM. 2005. The nitrogen cycle: its biology. Metal Ions in Biological Systems 43: 75 – 103.

Schmidt HHW, Walter U. 1994. NO at work. Cell 78: 919 – 925.

Schmidt HHW, Hofmann H, Schindler U, Shutenko ZS, Cunningham DD, Feelisch M. 1996. No NO from NO synthase. Proceedings of the National Academy of Science of the United States of America 93: 14492 – 14497.

Schonbaum G, Bonner W, Storey B, Bahr J. 1971. Specific inhibition of the cyanide-insensitive respiratory pathway in plant mitochondria by hydroxamic acids. Plant Physiology 47: 124 – 128.

Schützendübel A, Polle A. 2002. Plant responses to abiotic stresses: heavy metal-induced oxidative stress and protection by mycorrhization. Journal of Experimental Botany 53: 1351 – 1356.

Siegel-Itzkovich J. 1999. Viagra makes flowers stand up straight. Western Journal of Medicine 171: 380.

Singh RJ, Hogg N, Joseph J, and Kalyanaraman B. 1996. Mechanism of nitric oxide release from S-Nitrosothiols. The Journal of Biological Chemistry 271: 18596 – 18603.

Squadrito GL, Pryor WA. 1995. The formation of peroxynitrite *in vivo* from nitric oxide and superoxide. Chemico-Biological Interactions 96: 203 – 206.

Stamler JS, Singel DJ, Loscalzo J. 1992. Biochemistry of nitric oxide and its redox-activated forms. Science 258: 1898 – 1902.

Stöhr C, Strube F, Marx G, Ullrich WR, Rockel P. 2000. A plasma membrane-bound enzyme of tobacco roots catalyses the formation of nitric oxide from nitrite. Planta 212: 835 – 841.

Stöhr C, Ullrich WR. 2002. Generation and possible roles of NO in plant roots and their apoplastic space. Journal of Experimental Botany 53: 2293 – 2303.

Takahama U. 2004. Oxidation of nitric oxide by oxygen in biological systems monitored by porphyrinic sensor. Phytochemistry Reviews 3: 207 – 219.

Tavernier E, Wendehenne D, Blein J-P, Pugin A. 1995. Involvement of free calcium in action of cryptogein, a proteinaceous elicitor of hypersensitive reaction in tobacco cells. Plant Physiology 109: 1025 – 1031.

Tewari KR, Kumar P, Kim S, Hahn E-J, Pack K-Y. 2009. Nitric oxide retards xanthine oxidase-mediated superoxide anion generation in Phalaenopsis flower: an implication of NO in the senescence and oxidative stress regulation. Plant Cell Reports 28: 267 – 279.

Thierbach G, Reichenbach H. 1981. Myxothiazol, a new inhibitor of the cytochrome b-c_1 segment of the respiratory chain. Biochimica et Biophysica Acta 638: 282 – 289.

Travis J. 2004. NO-making enzyme no more: Cell, PNAS papers retracted. Science 306: 960.

Tsikas D. 2007. Analysis of nitrite and nitrate in biological fluids by assays based on the Griess reaction: Appraisal of the Griess reaction in the l-arginine/nitric oxide area of research. Journal of Chromatography 851: 51 – 70.

Tun NN, Santa-Catarina C, Begum T, Silveira V, Handro W, Floh EIS, Scherer GFE. 2006. Polyamines induce rapid biosynthesis of nitric oxide (NO) in *Arabidopsis thaliana* seedlings. Plant and Cell Physiology 47: 346 – 354.

Vandelle E, Delledonne M. 2008. Methods for nitric oxide detection during plant-pathogen interactions. Methods in Enzymology 437: 575 – 594.

Vandelle E, Delledonne M. 2011. Peroxynitrite formation and function in plants. Plant Science 181: 534 – 539.

Veitch NC 2004. Horseradish peroxidase: a modern review of a classic enzyme. Phytochemistry 65: 249 – 259.

Wang X, Bryan NS, MacArthur PH, Rodriguez J, Gladwin MT, Feelisch M. 2006. Measurement of nitric oxide levels in the red cell – Validation of tri-iodide-based chemiluminescence with acid-sulfanilamide pre-treatment. The Journal of Biological Chemistry 281: 26994 – 27002.

Wardman P. 2007. Fluorescent and luminescent probes for measurement of oxidative and nitrosative species in cells and tissues: Progress, pitfalls, and prospects. Free Radical Biology and Medicine 43: 995– 1022.

Willmott N, Sethi JK, Walseth TF, Lee HC, White AM, Galione A. 1996. Nitric Oxide-induced Mobilization of Intracellular Calcium via the Cyclic ADP-ribose Signaling Pathway. The Journal of Biological Chemistry 271: 3699–3705.

Wink DA, Derbyshire JF, Nims RW, Saavedra JE, Ford PC. 1993. Reactions of the bioregulatory agent nitric oxide in oxygenated aqueous media: Determination of the kinetics for oxidation and nitrosation by intermediates generated in the NO/O_2 reaction. Chemical Research in Toxicology 6: 23 – 27.

Wink DA, Grisham MB, Mitchell JB, Ford PC. 1996. Direct and indirect effects of nitric oxide in chemical reactions relevant to biology. Methods in Enzymology 268: 12 – 31.

Wink DA, Laval J. 1994. The Fpg protein, a DNA repair enzyme is inhibited by the biomediator nitric oxide *in vitro* and *in vivo*. Carcinogenesis 15: 2125 – 2129.

Wu G, Shortt BJ, Lawrence EB, Levine EB, Fitzsimmons KC, Shah DM. 1995. Disease resistance conferred by expression of a gene encoding H_2O_2-generating glucose oxidase in transgenic potato plants. The Plant Cell 7: 1357-1368.

Yamasaki H. 2000. Nitrite-dependent nitric oxide production pathway: Implications for involvement of active nitrogen species in photoinhibition *in vivo*. Philosophical Transactions of the Royal Society of London Series B Biological Sciences. 355: 1477 – 1488.

Yamasaki H, Cohen MF. 2006. NO signal at the crossroads: Polyamine-induced nitric oxide synthesis in plants? Trends in Plant Science 11: 522 – 523.

Yamasaki H, Sakihama Y. 2000. Simultaneous production of nitric oxide and peroxynitrite by plant nitrate reductase: *in vitro* evidence for the NR-dependent formation of active nitrogen species. FEBS Letters 468: 89 – 92.

Zemojtel T, Fröhlich A, Palmieri MC, Kolanczyk M, Mikula I, Wyrwicz LS, Wanker EE, Mundlos S, Vingron M, Martasek P, Durner J. 2006. Plant nitric oxide synthase: a never-ending story? Trends in Plant Science 11: 524 – 525.

Zemojtel T, Penzkofer T, Dandekar T, Schultz J. 2004. A novel conserved family of nitric oxide synthase? Trends in Biochemical Sciences 29: 224 – 226.

Zhang X, Kim W-S, Hatcher N, Potgieter K, Moroz LL, Gillette R, Sweedler JV. 2002. Interfering with nitric oxide measurements – 4,5-Diaminofluorescein reacts with dehydroascorbatic acid and ascorbic acid. The Journal of Biological Chemistry 277: 48472 – 48478.

F ANHANG

1. Abkürzungen

AOX	Alternative Oxidase
AsA	Ascorbinsäure
A. U.	Relative Einheiten
cPTIO	2-(4-Carboxy-phenyl)-4,4,5,5-tetramethylimidazoline-1-oxyl-3-oxide
DAF-2	4,5-Diaminofluorescein
DAF-2 DA	4,5-Diaminofluorescein diacetat
DAF-FM	4-Amino-5-methylamino-2',7'-difluorofluorescein
DAF-FM DA	4-Amino-5-methylamino-2',7'-difluorofluorescein diacetat
DAR-4M	Diaminorhodamin-4M
DEA-NO	Diethylamine-NONOate
DHA	Dehydroascorbat
EDRF	Endothelium-Derived Relaxing Factor
FAD	Flavin Adenine Nucleotide
GOD	Glucoseoxidase
HA	Hydroxylamin
HEPES	N-2-hydrovyethylpiperazine-N'-2-ethanesulfonic acid
L	Liter
L-NAME	N ω -nitro- L - arginine methyl ester hydrochloride
M	molar
mL	Milliliter
MDA	Monodehydroascorbat
MOPS	4-morpholinic-propansulfonic acid
MRPO	Meerettich-Peroxidase
Nia30	Nitratreduktase-Gen (nia1 + nia2)
NO	Stickstoffmonoxid
NOS	NO-Synthase
NR	Nitratreduktase
ROS	Reaktive Sauerstoffspezies
RZ	Retentionszeit
s	Sekunde
SHAM	Salicylhydroxamsäure

SOD	Superoxid-Dismutase
tmaPTIO	3,3,4,4-Tetramethyl-2-trimethylammoniophenyl-2-imidazoline-3-oxide-1-yloxy chloride
U	Unit
Upm	Umdrehungen pro Minute
µL	Mikroliter
WT	Wildtyp
w/v	weight/volume (Gewicht/Volumen)
XOD	Xanthinoxidase

Anhang

2. Liste der Abbildungen
Einleitung:

Abb.	Titel	Seite
1	MO-Diagramm von Stickstoffmonoxid.	5
2	Der Stickstoffkreislauf mit den beteiligten Enzymen und Verbindungen.	8
3	Reaktionsfolge der Synthese von NO aus der Aminosäure L-Arginin durch die Enzymfamilie der NO-Synthasen.	14
4	Halbstrukturformel des NOS-Inhibitors L-NAME.	15
5	Schematische Darstellung der NO-Bildung durch das Enzym Nitratreduktase.	17
6	NO-Emission durch aufgereinigte Nitrat-Reduktase, Nitrit und zugegebenem NADH als Substrate, gemessen mittels Chemilumineszenz.	18
7	Emission von Stickstoffmonoxid durch aufgereinigte Wurzelmitochondrien der Nia30-Tabak-Mutante nach Zugabe von Nitrit und NADH. Myxothiazol und SHAM wurden zu den jeweiligen Zeitpunkten appliziert.	20
8	Reaktion von NO bzw. dessen Oxidationsprodukten mit DAF-2 zu DAF-2T.	27
9	Weitere häufig angewandte NO-sensitive Fluoreszenzfarbstoffe.	27
10	Wirkungsweise von membrangängigen Fluoreszenzfarbstoffen am Beispiel DAF-2 DA.	28
11	Reaktionsschema beim kolorimetrischen Nachweis von Nitrit.	30

Ergebnisse:

12	NO-Emission aus Tabaksuspensionszellen (A) sowie *in vitro* aus XOD und Xanthin (B) nach Zugabe von HA.	33
13	NO-Emission aus 5 µM (A) bzw. 2,5 mM (B) SHAM nach Applikation auf 15 ml Tabaksuspensionszellen gemessen mittels Chemilumineszenz.	34
14	NO-Emission (ppb) durch 10 mL Tabaksuspensionszellen nach Zugabe von 4 µM HA in einer Chemilumineszenz-Apparatur, die während der Messung mit NO-freier Pressluft bzw. Stickstoff durchspült wurde.	35
15	NO-Emission über einen Zeitraum von 30 Minuten aus HA bzw. SHAM nach einstündiger Inkubation von 10 mL Zellsuspension mit Myxothiazol (10 µM), $CdCl_2$ (500 µM) bzw. Cryptogein (50 µM).	36
16	NO-Emission von Tabaksuspensionszellen nach Zugabe der angegebenen ROS-abbauenden Enzyme (1 U/mL SOD, 666 U/mL Katalase) so-	38

Anhang

17	wie HA bzw. SHAM NO-Emission aus Hydroxylamin gemessen als DAF-Fluoreszenz in einem zellfreien Medium, das 40 µM Hydroxylamin, 0.05 U XOD + 0,25 mM Xanthin, 1 U SOD und 5 µM DAF-2 in den angegebenen Kombinationen enthält.	39
18	Zeitabhängige Fluoreszenz von Lösungen, die 5 µM DAF-2, 1 U/mL SOD enthalten und von 5 ppm NO (gemischt mit N_2 oder Luft) durchspült wurden.	40
19	Fluoreszenz des Filtrates von elicitierten bzw. unbehandelten Tabaksuspensionszellen, in Stickstoff bzw. Pressluft nach Zugabe von DAF-2 (0,5 µM).	42
20	H_2O_2-Konzentration im Filtrat von Suspensionszellen des Tabak-Wildtyps bzw. der *Nia30*-Doppelmutante nach Behandlung mit Cryptogein (cry).	45
21	Fluoreszenz bei direkter Inkubation von Suspensionszellen (Nia-Doppelmutante und Wildtyp) mit Cryptogein (50 nM) und DAF-2 (0.5 µM).	46
22	Veränderung der Fluoreszenz von DAF-2T (50 nM) in Gegenwart oder in Abwesenheit von Tabaksuspensionszellen (n = 3).	47
23	Absorptions- und Emissionsspektren von DAF-2T und Zellfiltrat von Cryptogein-behandelten Zellen nach Zugabe von DAF-2 sowie einer Reaktionszeit von 1 Stunde.	48
24	HPLC-Chromatogramme von (A) 50 nM DAF-2T (in LS-Mangel-Medium), (B) *In vitro*-Reaktionsansatz 0,5 µM DAF-2 + 10 mU HR-PO + 50 µM H_2O_2, (C) Überstand von Suspensionszellen (Kontrolle) + 0,5 µM DAF-2 sowie (D) Überstand von Cryptogein behandelten Suspensionszellen + 0,5 µM DAF-2.	49
25	Zeitlicher Verlauf der Fluoreszenz von DAF-2, DAF-FM bzw. DAR-4M während der Reaktion mit 200 µM des NO-Donors DEA-NO (A) und mit MRPO+H_2O_2 (B).	50
26	Chromatographische Auftrennung der Reaktionsprodukte aus der Reaktion von HR-PO+H_2O_2 mit jeweils 0,5 µM DAF-FM (A) bzw. DAR-4M (B).	50
27	Chromatographische Auftrennung der Reaktionsprodukte von DEA-NO (100 µM) mit DAF-2 bzw. DAF-FM (0,5 µM).	51
28	Zeitlicher Verlauf der Fluoreszenz nach Zugabe der angegebenen Stoffe zu einer Lösung von 0,5 µM DAF-2 in LS-Mangelmedium.	52

29	HPLC-Auftrennung der Produkte aus der Reaktion 0.1 U/mL MRPO + 50 µM H_2O_2 + 45 µM DEA + 0,5 µM DAF-2. In der Tabelle sind die integrierten Flächen unter dem Graphen an der jeweiligen Retentionszeit angegeben.	52
30	Fluoreszenzentwicklung pro Minute bei gegebener MRPO-Aktivität und variabler H_2O_2-Konzentrationen bzw. gegebener H_2O_2-Konzentration und variabler MRPO-Aktivität.	53
31	Fluoreszenz im Extrakt von mit DAF-2 DA (5 mM) aufgeladenen und mit den angegebenen Substanzen für zwei Stunden inkubierten Tabaksuspensionszellen	56
32	Vergleich der im Zellextrakt und Filtrat von mit DAF-2 DA (5 mM) aufgeladenen und mit den angegebenen Substanzen für zwei Stunden inkubierten Tabaksuspensionszellen gemessenen Fluoreszenzen nach Inkubation mit Cryptogein, H_2O_2 bzw. dem NO-Donor DEA-NO.	57
33	Fluoreszenzmikroskopische Aufnahmen von mit DAF-2 DA aufgeladenen Suspensionszellen (*Nicotiana tabacum* var. Gatersleben) nach Behandlung mit Cryptogein bzw. Wasserstoffperoxid.	58
34	Chromatographische Auftrennung der Extrakte von DAF-2 DA-aufgeladenen Tabaksuspensionszellen nach Inkubation (A) ohne Cryptogein, (B) mit 50 nM Cryptogein, (C) 1 mM H_2O_2, (E) 2 mM DEA-NO, (F) 50 nM Cryptogein+2 mM DEA-NO. In (D) wurde dem Extrakt als interner Standard noch 50 nM DAF-2T zugesetzt.	60
35	HPLC-Chromatogramme der Extrakte von mit DAF-FM DA aufgeladenen Suspensionszellen *Nicotiana tabacum* var. Gatersleben nach zweistündiger Behandlung ohne Cryptogein (A), mit Cryptogein (B), mit 1 mM H_2O_2 (C) bzw. 2 mM DEA-NO (D).	61
36	HPLC-Chromatogramme der Filtrate von Zellen, die mit DAF-2 DA (A) bzw. DAF-FM DA (B) aufgeladenen und für 2 Stunden mit DEA-NO (200 µM) inkubiert wurden.	62
37	Absorptionsspektren einer Lösung aus MRPO (0,1 U /ml), H_2O_2 (50 µM) und DAF-2 (25 µM) zu verschiedenen Reaktionszeiten sowie von DAF-2T (25 µM) jeweils in LS-Mangelmedium.	65
38	Massenspektrometrische Untersuchung des Produktes der *In-vitro*-Reaktion aus H_2O_2 (50 µM) + HR-PO (0.1 U / mL) + DAF-2 (25 µM	66

Diskussion:

39	Mögliche Strukturformeln der zwei isomeren Dimere, die bei der Reaktion von DAF-2 mit MRPO und H_2O_2 entstehen könnten.	75
40	Schematische Darstellung der Generierung von DAF-reaktiven Substanzen nach Inkubation mit Cryptogein.	78

Material und Methoden:

41	Schematische Darstellung der Gewinnung des Filtrats von elicitierten Suspensionszellen.	83
42	Strukturformel des NO-Fängers cPTIO (A) und des Reaktionsprodukts mit NO, cPTI (B).	85
43	Schematische Darstellung einer Apparatur zur Messung von NO mittels Chemilumineszenz.	86
44	Reaktionsablauf bei der Bestimmung der Peroxidase-Aktivität.	90
45	Reaktionsablauf bei der Bestimmung der H_2O_2-Konzentration.	91

3. Liste der Tabellen
Einleitung:

Tab.	Titel	Seite
1	Physikalische und chemische Daten von Stickstoffmonoxid.	5
2	Das Element Stickstoff in seinen verschiedenen Oxidationsstufen.	7
3	Strukturformeln von Hydroxylamin (HA) und Salicylhydroxamsäure (SHAM).	19

Ergebnisse:

Tab.	Titel	Seite
4	NO-Emission (Chemilumineszenz, integrierte Peakflächen) sowie Nitrit- und Nitratbildung (in nmol pro 10 mL Reaktionslösung), aus HA bzw. SHAM.	37
5	DAF-2-Fluoreszenz im Filtrat von Tabaksuspensionszellen (*Nicotiana tabacum* cv. Gatersleben), die für eine Stunde mit oder ohne Cryptogein inkubiert wurden. Nach Filtration wurde der Überstand behandelt wie angegeben.	42
6	PO-Aktivität im Filtrat von Cryptogein-behandelten und unbehandelten Suspensionszellen.	45
7	Auswirkungen des NO-Scavengers cPTIO (100 µM) auf die DAF-Fluoreszenz.	54

Material und Methoden:

Tab.	Titel	Seite
8	Zusammensetzung des Agarmediums, des Wachstumsmediums und der Spurenelemente-Lösung für die Flüssigkultur der Suspensionszellen.	80
9	Zusammensetzung des vereinfachten Wachstumsmedium (LS-Minimalmedium).	82
10	Verschiedene NO-Donoren und „Art des freigesetzten NO".	84

DANKSAGUNG

Ich danke...

... Herrn Prof. Dr. Werner Kaiser für die exzellente Betreuung und Hilfestellungen während der Durchführung der Experimente und die Durcharbeitung des Manuskripts.

... Hern Prof. Dr. Dr. Martin J. Müller für die Erstellung des Zweitgutachtens.

... Maria Lesch für die Hilfe bei der Einführung in die NO-Messmethoden und für die Durchführung von Experimenten, die in diese Arbeit eingeflossen sind.

... Verena Wend, Ivan Simeonov, Christiane Kreutzer sowie Kerstin Graßmann für die Mitarbeit im Labor.

... Dr. Agnes Fekete und Dr. Markus Krischke (Lehrstuhl für Pharmazeutische Biologie) für die Unterstützung bei den HPLC-Experimenten.

... Dr. Agnes Fekete für die Durchführung der massenspektrometrischen Untersuchungen.

... Herrn Dr. Sönke Scherzer für die Einführung in die LSM-Mikroskopie.

Die Promotion wurde finanziert im Rahmen eines Sonderforschungsbereich (SFB 567: "Mechanismen des Interspifischen Interaktion von Organismen") der Deutschen Forschungsgemeinschaft (DFG).

PUBLIKATIONEN

Rümer S, Gupta KJ, Kaiser WM. 2009. Plant cells oxidize hydroxylamines to NO. Journal of Experimental Botany 60: 2065 – 2072.

Rümer S, Gupta KJ, Kaiser WM. 2009. Article addendum: Oxidation of hydroxylamines to NO by plant cells. Plant Signaling and Behavior 49: 853 – 855.

Rümer S, Krischke M, Fekete A, Müller MJ, Kaiser WM. 2012. DAF-fluorescence without NO: Elicitor treated tobacco cells produce fluorescing DAF-derivatives not related to DAF-2 triazol. Nitric Oxide Biology and Chemistry 27: 123 – 135.

BUCHBEITRÄGE

Kaiser WM, Planchet E, **Rümer S.** 2011. Nitrate reductase and nitric oxide. In *Nitrogen metabolism in plants in the post-genomic era*. Annual Plant Reviews (Eds: Foyer C, Zhang M) Annual Plant Reviews 42, Blackwell Publishing Ltd, pp 127 – 145.

KONGRESSBEITRÄGE

Krischke M, **Rümer S,** Kaiser WM. 2010. 3. International Meeting Plant NO Club. Olmütz, Tschechische Republik, 15. – 16. Juli 2010.

POSTERPRÄSENTATIONEN

Krischke M , **Rümer S,** Kaiser WM. 2010. DAF-fluorescence without NO: HPLC-separation of fluorescing DAF-derivatives reveals products not related to NO or DAF-2T. International Meeting Plant NO Club. Olmütz, Tschechische Republik, 15. – 16. Juli 2010.

i want morebooks!

Buy your books fast and straightforward online - at one of world's fastest growing online book stores! Environmentally sound due to Print-on-Demand technologies.

Buy your books online at
www.get-morebooks.com

Kaufen Sie Ihre Bücher schnell und unkompliziert online – auf einer der am schnellsten wachsenden Buchhandelsplattformen weltweit! Dank Print-On-Demand umwelt- und ressourcenschonend produziert.

Bücher schneller online kaufen
www.morebooks.de

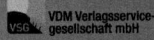 VDM Verlagsservicegesellschaft mbH
Heinrich-Böcking-Str. 6-8   Telefon: +49 681 3720 174   info@vdm-vsg.de
D - 66121 Saarbrücken   Telefax: +49 681 3720 1749   www.vdm-vsg.de

Printed by Books on Demand GmbH, Norderstedt / Germany